闳博幽清

乐从沙滘陈氏大宗祠建筑文化与艺术解读

乐从镇宣传文体旅游办公室
（乐从镇教育办公室）出品

李健明◎著

世界图书出版公司
广州 · 上海 · 西安 · 北京

图书在版编目（CIP）数据

闳博幽清：乐从沙滘陈氏大宗祠建筑文化与艺术解读 / 李健明著. —广州：世界图书出版广东有限公司，2021.9

ISBN 978-7-5192-8512-8

Ⅰ. ①闳… Ⅱ. ①李… Ⅲ. ①祠堂－古建筑－建筑艺术－研究－顺德区 Ⅳ. ① TU-092.2

中国版本图书馆 CIP 数据核字（2021）第 108792 号

书　　名　**闳博幽清：乐从沙滘陈氏大宗祠建筑文化与艺术解读**

HONGBO YOUQING: LECONG SHAJIAO CHENSHI DA ZONGCI JIANZHU WENHUA YU YISHU JIEDU

著　　者　李健明
责任编辑　程　静
装帧设计　米非米设计
责任技编　刘上锦
出版发行　世界图书出版有限公司 世界图书出版广东有限公司
地　　址　广州市新港西路大江冲 25 号
邮　　编　510300
电　　话　020-84453623　84184026
网　　址　http: //www.gdst.com.cn
邮　　箱　wpc_gdst@163.com
经　　销　各地新华书店
印　　刷　广州市迪桦彩印有限公司
开　　本　787 mm × 1 092 mm　1/16
印　　张　13.5
字　　数　188 千字
版　　次　2021 年 9 月第 1 版　2021 年 9 月第 1 次印刷
国际书号　ISBN 978-7-5192-8512-8
定　　价　68.00 元

咨询、投稿：020-84451258　gdstchj@126.com

编委会

主　任：岑德荣

副主任：郑一玲

委　员：劳浩勇　黄幸琪　梁贵敏　沙滘社区居民委员会

著　者：李健明

摄　影：冯海棉

卷首语

沙滘陈氏大宗祠是佛山市面积最大的祠堂，也是广东省面积第二大古堂。120年来，它以建筑宏大舒朗、工艺出神入化、英才层出不穷、修缮工精艺巧而倍受瞩目，也让每位到访者都能获得“宏丽壮伟”四字的切实质感。人们更从其严谨的布局与无处不在的精雕细刻中领悟到农耕时代乡人对天、地、人、神、物的敬畏；农商时代古人对制度、时间、意义、价值的深刻认识；大海航运时代前人对成规、旧俗、天地、世界的理解，以及不同时代留下的观念与风俗共冶一炉后的意趣万千。

陈氏大宗祠是昔日人们对理想中的乡村社会与宗族制度的不懈建设和尽心塑造。它在承接国家行政任务、转化礼乐制度、深化儒家思想、管理宗族行为、决定家族大事中不断自我坚守与完善，体现着乡村先贤对理想的追求与对现实的参与。因此，画栋雕梁的背后，是无数陈氏乡贤匆忙而坚定的身影。因为，那是精神的凝聚与意志的呈现，那是文化的表达与艺术的呈现。

虽然它经历过战争、灾害，但近百年来，它以祠堂最淳朴的教育功能穿越岁月的淘洗而存留至今，可见祠堂价值的挖掘深具空间。

近20年来，在政府的主导下，陈氏大宗祠进行过大型维修、经历过展览功能的探索，如今，作为乐从华侨展览、沙滘村史展、顺德非物质文化遗产展览、书画名家展览、香云纱展览等展览馆，将现代艺术与当代文化不断融入，散发着活泼的生命气息。它因一切活动都扎根于祠堂及乡村的文化、历史及当代发展，迅速成为乡村振兴与城市发展的新亮点。

此书是顺德历史上第一部以一个祠堂为专题而切入，延伸研究顺德祠堂起源、发展、变迁的专著。它在分析家族源流、建筑及其工艺的同时，深度解读各种细节中蕴含的文化、艺术、风俗，让人们进一步认识到看似热闹或静穆的背后源远流长的国家礼制及等级制度，又透过一块青砖、半扇花窗、几道门廊去触摸那不为人知的人性关怀，感受那清凉的墙砖上流淌不息的默默温情，还原祠堂“法”以外更多的“仁”，回归其充满人性温情的本质。

我们挑选陈氏大宗祠，正因它既深深镌刻着封建时代最后一段岁月的珍贵印记，又流动着近代的商业气息与文化风俗，是人们认识大时代转折时期文化、艺术、风俗、观念的最佳载体。

我们可从此书出发，深度了解珠三角500多年来祠堂与乡村并存共进的历史，更可了解到祠堂在孕育出大批的英才，以及在不同时代推动乡村进步，促进城市发展，改变历史进程的深远贡献，从而认识到祠堂在当今社会发展中值得发掘的文化空间。

此书不仅是一部陈氏大宗祠历史文化与建筑工艺的介绍文本，而且是理解顺德、珠三角、广东祠堂文化及其背后宏大深厚历史的重要读物，更是一份献给乐从乡村振兴，推动产城人融合的特别礼物。

乐从镇党委书记：

2020年10月1日

前言

一

顺德祠堂从明中期的大规模建造到清末民初，缓缓经历400多年。它由人们追慕先祖足迹、祈求祖先庇佑、祈祷青云直上到叙述家族功业、显示家族势力、构建血脉秩序、培育道德楷模，再到弘扬文化精神、媲美建筑工艺、联络家族力量、融合乡村资源之地，最终发展为承接衙门任务、管理乡村秩序、商议族中要务、维护家族繁荣的首选场所。因而，它涵括的不仅是家族与乡村的荣辱，更是国家与时代的兴衰。它不仅是族人自我期许的誓愿地与获取功名道德的始发地，更交融与荟萃不同时代社会的物质形态与精神风貌。因此，每个祠堂都是一个家族的缩影，更是一个或多个时代的清晰折射。

乐从沙滘陈氏大宗祠建成于世纪交替的光绪二十六年（1900年）。此时，人们刚刚经历过太平天国的血雨腥风，曾惊闻甲午海战的全军覆没，而圆明园的漫天烈焰仍余烬未熄，如今，八国联军逼迫清政府签订的条约正牵动着国人的内心。中西文化、新旧思想的交锋与冲突正酣，清王朝江河日下的分崩离析与内交外困的大时局和国人沉浮难定的人生远景，在敏感而细腻的陈氏族人心灵投下一道深深且无法抹去的阴影。

为赓续陈氏家族的荣光，且令血脉流传清晰有序，更期待祠堂的建立令他们在愈发逼仄的社会空间中在获得先祖庇佑与上苍青睐的同时，他们祈愿族人以更自强不息的努力与更彻底决绝的自我超越，在日益动荡的时代能用双手撑开更广阔明净的人生空间，从令人窒息的时代寻机逸出，走出一个来自先祖神力与自我努力汇聚下的崭新人生。于是，陈氏族人借助海外资产，加上本族子孙的共同努力，构筑出封建时代顺德最后一座建筑面积与投资成本超越所有祭祀先祖场所的庞大建筑物。6年的运筹帷幄与施工落实，其中倾注着族人笔墨难描的心血与智慧，更寄托着他们高远的梦想。因此，它所蕴藉的意义已绝非仅仅一座家族祠堂，而是融多元资金来源，以其最大面积的建筑布局与丰富精彩的装饰艺术，奏响顺德祠堂建筑史上最深沉却不无悲怆的一阕绝唱。

二

在建成后到抗日战争前的30多年岁月里，陈氏大宗祠经历了清王朝的覆灭到民国的建立，见证过经济的腾飞，也享受过短暂的繁荣，更为动荡与战争所损伤，但族人的精心维护与细心呵护，终令陈氏大宗祠在乡村的核心地位与族权的崇高尊严未曾受损。人们仍默默延续着它古老的宗法制度与不变的先祖祭祀、喜事庆贺、大事商议、政事分担等功能，竭力维系着其族中精神家园与生活核心的重要地位，令其成为族人的美好记忆与精神家园。

作为顺德保存完整的清代祠堂，陈氏大宗祠的装饰工艺称艳岭南。檐柱的飘逸秀挺、金柱的浑朴端雅、灰塑的热烈喧闹、石雕的质朴大气、砖雕的秀雅淡逸、木雕的随形赋神，尤其是各种手法的融汇组合、前呼后应、左顾右盼，将吉庆文化、儒家思想、佛道观念、草根心理都镶嵌在抬头可见的花脊、梁架、柱础、墙面、檐板、雀替上，寄托着人们在江河日下的大势下对先祖更深切的敬畏与对未来生活特别深情的期盼，以及对当下和美时光的无限珍惜与分外依恋。人们将修身持家治国平天下的传统理想与平日的洒扫庭除、晨昏请安、春耕秋耘、青灯苦读、敬长爱幼通过无尽的画廊与无处不在的画面去深情雕刻、镌描、绘制，形成雪盐入水、春深夜雨般潜移默化的渲染与熏陶，孕育出大批英才俊彦，在不同领域龙骧虎步、踔厉风发，实现着陈氏家族质朴却高远的理想。陈氏大宗祠是清末顺德祠堂建筑艺术与文化道德传扬和家族乡村管理的集大成者，许多族人更将祠堂画作或塑像的美好意象深藏一生，相伴并行，作为他们不断超越自我、建功立业的精神图腾。

三

自明中期始，政府官员的宣传鼓动、亲力亲为与经济积淀的繁盛丰厚和南迁移民的密集定居，令顺德逐渐成为广东地区祠堂制作规范与宗法制度日趋完备的区域。

如今，人们仍能从杏坛逢简的刘氏大宗祠、乐从沙边的何氏大宗祠、杏坛右滩的黄氏大宗祠看到明清时期顺德祠堂的规制与艺术，更可感受到肃穆庄严的建筑背后那繁缛复杂、有条不紊的宗法制度与礼制等级，不过，集大成且推陈出新者仍属乐从沙滘陈氏大宗祠。

从外出读书回乡入仕的族人发起，到南洋富商父子的鼎力支持与海外大批经商者的热情参与，再到乡中族人的全体加盟，可看出在新生力量整合下不断叠加而成的庞大现代资源。他们通力合作、全程推动，逐渐成为新世纪乡间的中坚力量。族中俊才有迥异于农耕时代人们的知识结构、思想观念、国际视野、产业形态、资金构成，不仅延续着清末海外资本回流家乡，力推顺德成为南国丝都与金融中心的主流脉络，更通过大宗祠的筑建深刻影响着本乡的经济结构与思想观念，如周满记的壮大、建筑祠堂相关产业的兴盛、祠堂内阳台的筑建与洋人进入雀替的雕刻等。同时，陈氏大宗祠的建筑风格与明代建筑的峻博雄伟和清初建筑的庄严肃穆相异，它在建筑结构中更多地呈现严格礼制下微妙深沉的平和宽博，体现着彼此相融中遥相呼应的平等与互动，折射出建筑等级秩序下不时散发出来的中和仁厚，这令其更充满世俗草根的人间温情与多样开发的功能，成为风云激荡大时代下思想观念与文化意识转折变化的真实反映，也令祠堂的价值发生历史性转折，更为它后来成为家族学校和乡村公共教育机构奠定水到渠成的文化基础。

四

从 2006 年开始重修到 2012 年竣工重光，陈氏大宗祠再度展现出沉淀久远和历经风霜后独有的舒朗雄峻风姿与迷人魅力。它不仅成为广东省文物保护单位，更是清代岭南祠堂建筑的典范。每年，来自全国各地的专家、学者、游人、宾客都对其着迷沉醉，赞叹不已。如何挖掘其深沉丰厚的历史底蕴与丰富精彩的建筑艺术，如何将其独有的建筑空间塑为承载传统文化脉络更弘扬当代精神的文化空间，一直是人们思考与探讨的重要课题。

乐从镇宣文体旅办多年致力于陈氏大宗祠的维护、保护、价值挖掘与功能探讨，令其成为华侨历史展览馆、顺德祠堂展览馆等。如今，更委托作者将其历史文化、建筑艺术与族中英才进行系统梳理和深度挖掘，以期使之成为人们认识和解读这座岭南重要祠堂的入门读本，为日后更系统的研究和更广泛的宣传提供一个别致的切入窗口，于是，便有此书的出版。真诚期待更多专业人士提供宝贵意见，令此书更臻完美。

2020 年为乐从陈氏大宗祠建成 120 周年，谨以此书作为最真挚的致敬。

目录

第一章 沙滘陈氏溯源

第一节　同一姓氏　两个来源 / 3

第二节　建造祠堂　鼎盛一时 / 7

一、大礼议中的南海顺德士大夫群体 / 7

二、陈氏族人建陈氏先祠 / 10

三、沙滘大族逐渐形成 / 12

第三节　辗转创业　开创沙滘丝业 / 14

一、顺德丝业发展 / 14

二、陈氏家族与乐从丝业 / 15

第四节　远赴重洋　代不乏人 / 18

第五节　陈泰南洋致富　全力支持建祠 / 20

第六节　陈氏大宗祠　古今故事多 / 23

一、全族动员　合建祠堂 / 23

二、南洋选材　历经三年 / 24

第七节　民国著名建筑商：周满记 / 27

一、重操旧业　异军突起 / 28

二、颖川旧址　声誉鹊起 / 28

三、施工建设　一应俱全 / 30

四、陈氏宗祠　传世杰作 / 31

五、慈怀善德　舍己为公 / 35

第二章 宗祠民俗文化意义

第一节 春秋二祭 / 39
一、祠堂祭祀先祖历史 / 39
二、春祭 / 41
三、冬祭 / 46
第二节 太公分猪肉 / 47
一、胙肉背后的等级关系 / 47
二、胙肉的民俗意义 / 50
第三节 灯酒与婚宴 / 53
第四节 家族管理　乡村教化 / 54
一、国家授权下的族权 / 54
二、祠堂的公共效用 / 57
第五节 教育功能　延续百年 / 62
一、光宗耀祖　名留青史 / 62
二、从家族私塾到乡村学校 / 64
三、当代修缮 / 67

第三章 宗祠建筑文化内涵

第一节 门前建筑 / 73
一、朝向选择 / 73
二、进深开间与规制 / 75
三、青云巷 / 76
四、泮池与小河 / 78
五、开阔的地堂 / 79
第二节 门堂 / 81
一、檐柱与纵架 / 81
二、含义丰富的塾台 / 84
三、大门的古老形制 / 85
四、源远流长的石鼓 / 88
五、沉默的铺首 / 92

六、中堂 / 93
七、后堂 / 103
第三节 礼制空间 / 107
一、结构与布局 / 108
二、高度与等级 / 111
三、阴阳与东西 / 114
四、前后与虚实 / 117
五、“仁”的外化 / 119

第四章 宗祠建筑艺术解读

第一节 山墙与屋脊 / 125
一、山墙解读 / 125
二、屋脊解读 / 125
第二节 门堂瓦脊 / 132
一、八仙对弈 / 132
二、龙珠脊刹 / 134
三、脊眼解读 / 134
四、一对脊额 / 135
五、又是脊眼 / 136
六、缤纷脊耳 / 137
七、前堂瓦脊 / 138
第三节 中堂瓦脊 / 139
第四节 灰塑艺术 / 143
一、大俗大雅 / 143
二、主次有度 / 146
第五节 木雕 / 150
一、虚实结合 / 150
二、精工细作 / 154
三、无声画 / 157
第六节 石雕 / 159
一、每块石都有“灵魂” / 159
二、石雕的满与内心的安 / 162

三、细节中看匠心 / 164
第七节　砖雕 / 166
一、精细入微 / 166
二、出神入化 / 168
第八节　艺术殿堂 / 172
一、建筑艺术 / 172
二、艺术手法的精彩呈现 / 177
三、务实的工匠精神 / 183
四、经世致用的价值取向 / 187
五、农耕文化 / 190
第五章　陈氏英才垂范后人
第一节　古代 / 193
陈贵卿：定居沙滘　陈氏始祖 / 193
陈　绮：高中举人　任职广西 / 194
陈继昌：三元及第　定居广西 / 194
陈文泰：南洋致富　不忘故里 / 194
陈　敖：谋生马达加斯加　定居此地第一华人 / 194
陈广明：开设商号　因功获衔 / 194
陈彰九：曲折经历　平淡人生 / 195
第二节　当代 / 195
陈文锦：率领人民摆脱法国统治　出任塞舌尔首任总统 / 195
陈福胜：商界巨子　华侨领袖 / 196
陈兆昌：致力两国交流　促进文化发展 / 196
陈健江：引入家乡产品　介绍家乡发展 / 197
罗宾逊：角逐马国总统　出任卫生部部长 / 197
陈永信：潜心企业发展　推动华侨事务 / 197
陈祖建：传播顺德美食　联谊美洲华侨 / 197
陈光鉴：常年不断捐助　致富不忘家乡 / 198
陈澧信：专营印刷设备　出任同乡会会长 / 198
后记 / 199

第一章 沙滘陈氏溯源

从迁居乐从沙滘开始，陈氏族人沿着传统的农耕模式开荒垦地、挖塘养鱼、种稻植桑、养蚕缫丝，默默前行。清代，他们专营丝业，贸易四方，岁月渐深，积财日富。同时，他们远赴重洋，创业他方，天长日久，形成两股巨大的经济实力荟萃家乡，合力推动乡梓发展。

农商并重的磨砺与残酷沉浮的市场锤炼出陈氏族人深谋远虑，临事气静，成不骄、败不馁的独特气质，尤其是国际市场的波澜壮阔与大时代下的沧海横流，更锻淬出他们乐观向上、自我超越、化繁为简的内在精神与处世智慧，令他们在不同的领域奋力前行、独领风骚，成为引人注目的农商家族，更深刻影响着家乡的长远发展与未来走向。

第一节

同一姓氏　两个来源

乐从沙滘原名“沙溪”，宋代已有罗氏家族建村。南宋咸淳年间（1265—1274 年）岑氏家族移居此处。明代，他们改“溪”为“滘”，从此，人称“沙滘”。

迁往沙滘的有两支陈氏族人。

一支陈氏族人从广东增城迁移到大良，于南宋绍熙五年（1194 年）定居沙滘。

另一支陈氏族人的先祖陈顗为汴梁光州固始人，北宋徽宗时期（1101—1125 年）为户部尚书。后因战乱，于北宋宣和元年（1119 年）迁往浙江长陵县，

重修族譜引
族之有譜。是溯流窮源。甚鉅典也。予繹其義。蓋配天地云。
天地未有之始。法象於何端。無極而太極肇焉，太極而兩儀生
焉。迨兩儀之摶捖。則燦而爲四象。賾而爲品彙。畢萬有不齊
之物。靡不根太極以繁植。則太極固天地之始祖乎。始祖亦人
家之太極乎。吾族曷始。始于舜。後封陳。而虞思胡公承亂。
歷及漢唐。一線演派。猶若隱而若顯。逮大宋開禧間。徙居南
雄沙水里珠璣巷。旋集未久。亂離相繼。復徙居南海大仙岡桂
華鄉。時則相土定居。天造地設之勝。吾太祖收之。豐本强幹
之祚。吾太祖開之。故此祖有爲始祖。倣魯以文王 所自出意
也。自後日益富庶。於列祖中有號元始。採藥尋勝。遂抵葛
溪。爰至沙滘。見其俗愿而人稠。土沃而物潤。山岳迴其應
曜。川澤滌其旋汛。吾祖因以爲興旺之區。乃築室於兹。實爲
沙滘之始祖。迄今十餘世矣。瓞瓞乎其生聚也。源源乎其富足
也。濟濟乎其人文之輩出。科名之後先相望也。疇非吾祖靈終
焉允臧哉。由今溯昔。厥初止一人耳。乃其雲礽所衍。穰穰蓁
蓁。窮無窮。極無極。配合天地如此。天有章[illegible]全書。地有輿
圖全志。則族譜亦一誌書矣。譜始祖者。追所自出也。譜房分
者。徵繁庶也。譜文子者。親所生也。至於一人之身。書生平
以明其始。書享壽以正其終。書名字書號以彙其素。書祿書

▲图 1-1
《陈氏族谱》清晰介绍先祖辗转来到沙滘的历史

李健明　摄

宣和二年（1120年）迁往江西会昌，宣和四年（1122年）迁往广东南雄始兴县石井头。南宋建炎元年（1127年）迁往南海芦头村，此村如今地处南海大沥镇区水头社区。

南宋绍兴十三年（1143年），三世孙陈梅涧率族人迁往如今佛山张槎。南宋嘉定五年（1212年）前后，六世孙循陈珪峰迁往南海大仙岗。南宋景定五年（1264年），九世孙陈贵卿出生。陈贵卿字仕初，号元始，私谥“僊豁”。他抱道不出，于元至正四年（1344年）率族人从大仙岗迁往当时仍称“沙溪”的乐从沙滘，成为沙滘开祖始祖。

从此，陈氏族人在这片村落中春耕秋收，晨昏攻读，渐渐名著乡里。

明景泰元年（1450年），八世孙陈绮以《易经》应考，中第六十一名举人，开启沙滘陈氏科名历史。后来，他出任广西岑溪知县，历任福建政和县知县、广西全州知县。

明天顺三年（1459年），八世孙陈冠于以《易经》中贡生，出任福建福州府古田县训导，后任福建汀化县教谕。

明成化十九年（1483年），八世孙陈祯中第三十六名举人，出任广西柳州马平县教谕。

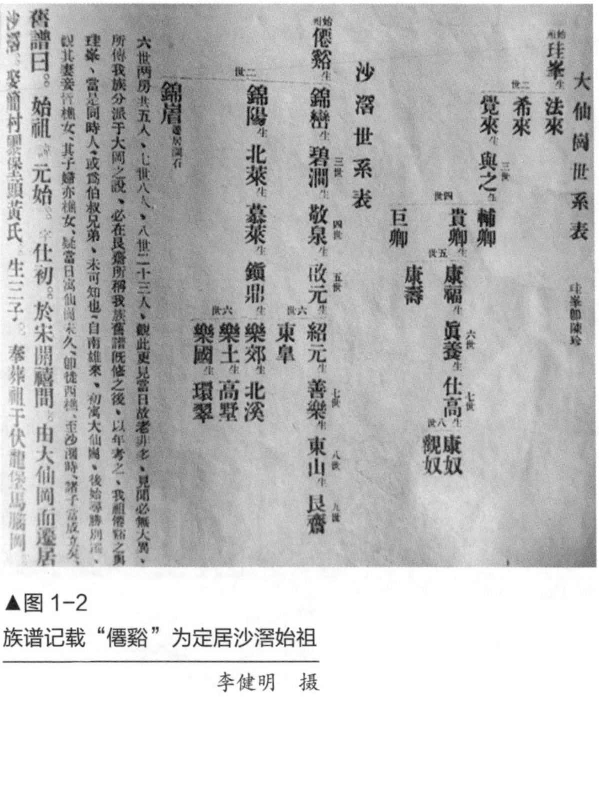

▲图1–2
族谱记载“僊豁”为定居沙滘始祖
李健明 摄

稳定的生活与

渐丰的财富，令此处的人们得以长期专心攻读，砥砺科名，更声誉鹊起。

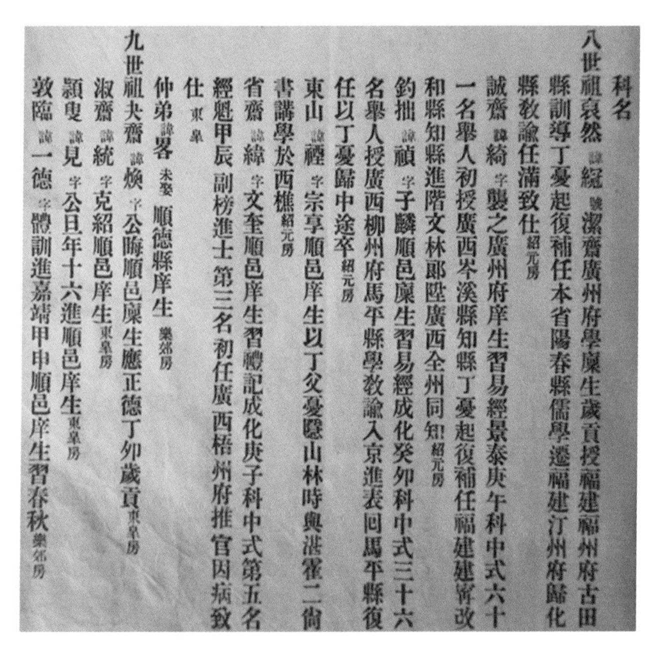
科名
八世祖哀然 諱綎 號潔齋廣州府學廩生歲貢授福建福州府古田
縣訓導丁憂起復補任本省陽春縣儒學遷福建汀州府歸化
縣教諭任滿致仕 紹元房
誠齋 諱綺 字襲之廣州府庠生習易經景泰庚午科中式六十
一名舉人初授廣西岑溪縣知縣丁憂起復補任福建建寧改
和縣知縣進階文林郎陞廣西全州同知 紹元房
鈞拙 諱禎 字子麟順邑廩生習易經成化癸夘科中式三十六
名舉人授廣西柳州府馬平縣學教諭入京進表回馬平縣復
任以丁憂歸中途卒 紹元房
東山 諱禮 字宗享順邑庠生以丁父憂隱山林時與湛霍二倘
書講學於西樵 紹元房
省齋 諱緯 字文奎順邑庠生習禮記成化庚子科中式第五名
經魁甲辰副榜進士第三名初任廣西梧州府推官因病致
仕 東皐
仲弟 諱畧 未娶 順德縣庠生 藥邠房
九世祖夬齋 諱煥 字公晦順邑廩生應正德丁夘歲貢 東皐房
淑齋 諱統 字克紹順邑庠生 東皐房
顯叟 諱見 字公旦年十六進順邑庠生 東皐房
敦臨 諱一德 字體訓進嘉靖甲申順邑庠生習春秋 藥邠房

▲图 1-3
高中科举的陈氏族人成为家族引以为豪的杰出人物

李健明　摄

明弘治、正德、嘉靖年间（1488—1566年），南海、顺德方圆五里内的石头村、黎涌村、石硝村共走出五位英才：黎涌伦文叙、伦以谅、伦以训，石硝梁储，石头霍韬。其中伦文叙为状元；伦以谅乡试第一，为进士；伦以训会试第一，殿试第二，为榜眼，成为科举名乡。

深受文化辐射的乐从也走出何经、何淡、何珧、何瑗、何沾、何太庚、何瑜、冼光等一批科名英才，而沙滘陈氏家族的陈纬、陈焕、陈一奇、陈元表、陈绍胡、陈仕艺等人也高中举人，成为乐从引人注目的书香大族，他们还与石硝村的梁氏家族结成姻亲，助推家族全面发展。

石硝梁氏家族的梁储（1451—1527年），明成化十四年（1478年）会试第一，后为太子太师，他曾赠诗离京任职的陈仲熙。通过“从事都门敏足珍”一句诗，可知他们曾同朝为官，心声相应，梁储更以“莫信一命非崇秩，犹信存心可济人”共勉。当时的梁储为光禄大夫柱国少保兼太子太保、礼部尚书和武英殿大学士，官高位重，为陈仲熙题写诗歌，可谓一字千金。

明弘治十四年（1501年）举人、龙江人、书法名家赵善鸣（1466—1534年）也有“万顷无波澄碧天，西涯春树蔼青烟。主翁一榻曦皇上，静数乾坤不老年”赠予陈氏家族，可见当时陈氏家族引人注目的社会地位。

在农耕时代的乡村深处，陈氏家族在日耕夜读的传统轨道上缓缓前行。不时涌现的英才成为水乡引以为傲的榜样，更引领着人们一路向前。

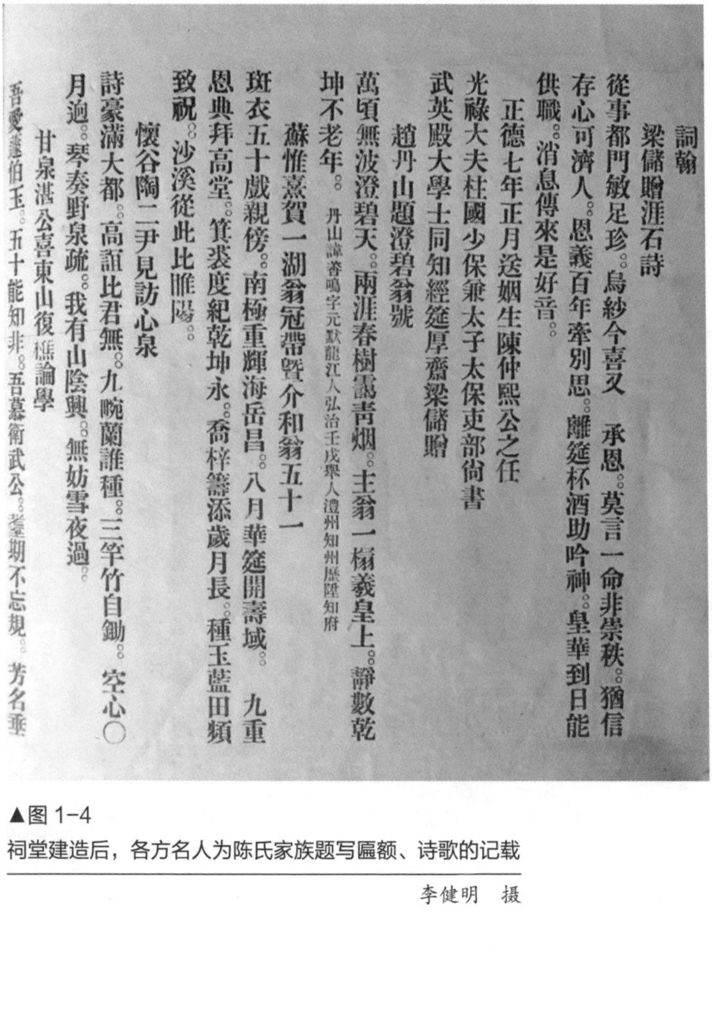

詞翰

梁儲贈涯石詩

從事都門敏足珍。承恩。莫言一命非崇秩。猶信存心可濟人。恩義百年牽別思。離筵杯酒助吟神。皇華到日能供職。消息傳來是好音。

正德七年正月送姻生陳仲熙公之任

光祿大夫柱國少保兼太子太保吏部尚書

武英殿大學士同知經筵厚齋梁儲贈

趙丹山題澄碧翁號

萬頃無波澄碧天。兩涯春樹靄青烟。主翁一榻羲皇上。靜數乾坤不老年。丹山諱善鳴字元默龍江人弘治壬戌舉人澧州知州歷陞知府

蘇惟熹賀一湖翁冠帶暨介和翁五十一

斑衣五十戲親傍。南極重輝海岳昌。八月華筵開壽域。九重恩典拜高堂。箕裘度紀乾坤永。喬梓籌添歲月長。種玉藍田頻致祝。沙溪從此比睢陽。

懷谷陶二尹見訪心泉

詩豪滿大都。高誼比君無。九畹蘭誰種。三竿竹自鋤。空心〇月過。琴奏野泉疏。我有山陰興。無妨雪夜過。

甘泉湛公喜東山復樵論學

吾愛蘧伯玉。五十能知非。吾慕衛武公。耄期不忘規。芳名垂

▲图 1-4

祠堂建造后，各方名人为陈氏家族题写匾额、诗歌的记载

李健明　摄

第二节 建造祠堂 鼎盛一时

一、大礼议中的南海顺德士大夫群体

明正德皇帝朱厚照（1491—1521 年）去世后，由于没有子嗣，兴献王朱佑杬的次子朱厚熜继位，是为明世宗，即嘉靖帝（1522—1566 年在位）。

朱厚熜即位后，面临生父称号的难题。他无法确定父亲使用“皇考”还是“皇叔考”。“皇考”就等于默认其父亲的皇帝身份，这与一脉相承的承传关系无法对接。“皇叔考”则承认他父亲源自另一支脉，与自己皇帝的身份不吻合。

于是，持不同观点的大臣进入旷日持久的激烈争辩，史称“大礼议”。论战中，一批南海官员，如南海方献夫（1485—1544 年）、霍韬（1487—1540 年），顺德梁储（1451—1527 年）等朝廷重臣积极参与。他们以血脉承传与儒家孝道为论点，激辩群儒，极力支持嘉靖皇帝以生父为皇考的主张。

经过漫长的辩论与各种势力的冲击交缠，嘉靖三年（1524 年），嘉靖皇帝及其支持力量最终获胜，他终于可将生父尊为“皇考”，称“睿宗”，附于太庙，尊武宗为皇伯考。

这是明朝历史上的重大事件，此后，明朝进入嘉靖帝全面统御天下的岁月。

嘉靖十五年（1536 年），礼部尚书夏言（1482—1548 年）上奏《令臣民得祭始祖立家庙疏》，提出：“臣民不得祭其始祖、先祖，而庙制亦未有定制，天下之为孝子慈孙者，尚有未尽申之情……乞诏天下臣民冬至日得祭始祖……乞诏天下臣工立家庙。”夏言的奏疏突破中国古代一直以来天子以外民众不得设立家庙拜祭先祖的“臣庶祠堂之制”，深得嘉靖皇帝称许。

这一年，朝廷颁布“许民间皆得联宗立庙”的政令，允许民间设立祠堂拜祭先祖，全国展开大规模的祠堂建造热潮，更揭开长达数百年、至今仍存的中国民间祠堂文化历史。清末民初，佛山学者冼宝干在《佛山忠义乡志》卷九《氏族》称：“明世宗采大学士夏言议，许民间皆得联宗立庙。于是宗祠遍天下，吾佛诸祠亦多建自此时，敬宗收族于是焉。”

其实，早在明朝初期，越来越多的士大夫和朝廷官员就开始以修族谱、建祠堂、设立乡村制度等形式去构建宗族制度，维护乡村发展，如杏坛建于明永乐十三年（1415 年）的杏坛逢简刘氏大宗祠、明成化年间（1465—1487 年）的逢简存心颐庵刘公祠和明弘治十五年（1502 年）的杏坛上地松涧何公祠等。

在沙滘旁边的乐从平步村，明初唐豫就设立《乡约十则》，其中包括收成即纳粮、补解军役、冠礼依朱文公行、婚礼醮子不令据尊席、父在子立、亲丧不饮酒、祭祀称其家、礼重往来、教子弟读书、力行保甲。他们身体力行，乡人也遵礼守道，多年未变，形成古朴敦雅乡风。他们将儒家思想与朝廷规则和乡村雅致生活相融合，在民间产生良好影响，而乡间不断涌现的祠堂和日渐完善的乡规族约都成为朝廷推行祠堂制度向民间开放的基础。

在朝廷颁布“许民间皆得联宗立庙”的政令后，南海的方献夫、霍韬、伦以训，顺德的梁储等人更从自己家乡开始，积极推动建造祠堂、修编族谱、推行孝道、治理乡村的进程。

祠堂的建设与族谱的修撰及宗族制度的设立，成为南海、顺德一带官员进一步靠近权力中心的具体举措，而宗族道德指引与朝廷文化价值取向的一致性，令他们获得从家族到乡村再到朝廷一致而通畅的文化认同，从而不断摆脱南方偏僻区域长期远离正统文化系统的尴尬，逐渐成功转型为可与江南、京城正宗名门望族隐隐相埒的后起之秀。顺德、南海等地更大规模建造祠堂，并不断完善宗族制度，成为岭南地区祠堂规模与形制的典范和宗族制度细密且系统的区域，“顺德祠堂南海庙”无疑是此地祠堂建造的高度概括。

▼图 1-5
在乐从平步，人们仍记得明代乡贤孙蕡为家乡孕育良好风气的贡献

李健明　摄

二、陈氏族人建陈氏先祠

明初，陈氏族人“先以瞻军良涌沙田填筑为址”，后又购得“隔海地连塘三亩”，更“买得住场地一亩六分八厘”及“将前地三亩和土狗大滘两处共田十一亩”，所耗费用为“一百四十两白银”，后建成陈氏先祠。明嘉靖十五年（1536 年）正月供奉先祖牌位入祠。

几个月后，朝廷宣布乡间可建祠堂。从陈氏先祠的建造历史，进一步印证南海、顺德一带乡间自发建造祠堂的历史。

陈氏先祠三幢五间，中幢悬挂仿朱熹笔迹的“永思堂”牌匾，表达陈氏族人对这位理学大家的尊崇和对其“家礼”的遵守。因朱熹提出庶民可在正寝之东祭祀先祖，但尚未获得明朝政府的采纳，不过，乡间早已悄然实施，所以陈氏族人有此举措。

陈氏族人的建祠行为得到南海、顺德籍朝廷高官的大力支持和后任官员的认可。牌坊后有光禄大夫、柱国少保兼太子太保、吏部尚书、武英殿大学士、南海丹灶人方献夫（1485—1544 年）题写的“岭海名家”；南京兵部选司郎中伦以训（1497—1540 年）题写的“陈氏先祠”门匾；龙江人、书法名家赵善鸣（1466—1534 年）题写的大门对联：“万年祀享天同迥；一脉源流

▼图 1-6
南海名人方献夫为陈氏家族祠堂题字的记载
李健明　摄

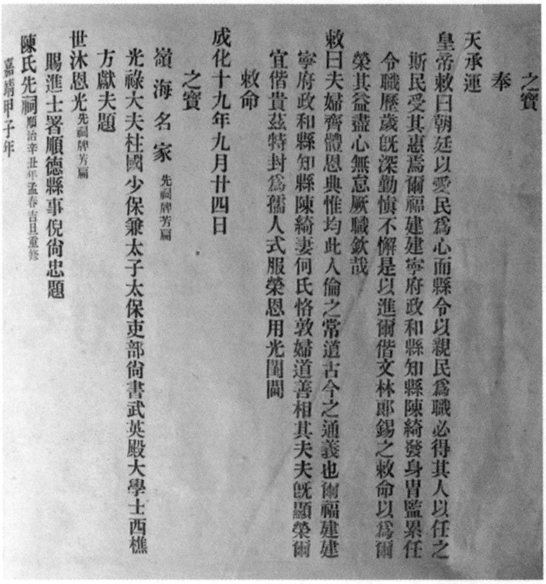

之寶
奉
天承運
皇帝敕曰朝廷以愛民為心而縣令以親民爲職必得其人以任之
斯民受其惠焉爾福建建寧府政和縣知縣陳綺發身胄監累任
令職歷歲既深勤慎不懈是以進爾階文林郎錫之敕命以爲爾
榮其益盡心無怠厥職欽哉
敕曰夫婦齊體恩典惟均此人倫之常道古今之通義也爾福建建
寧府政和縣知縣陳綺妻何氏恪敦婦道善相其夫夫既顯榮爾
宜偕貴茲特封爲孺人式服榮恩用光閨閫
敕命
成化十九年九月廿四日
之寶
嶺海名家 先祠牌芳扁
光祿大夫柱國少保兼太子太保吏部尚書武英殿大學士西樵
方獻夫題
世沐恩光 先祠牌芳扁
賜進士署順德縣事倪尚忠題
陳氏先祠 順治辛丑年孟春吉旦重修
嘉靖甲子年

海与长”；明万历二十六年到三十二年（1598—1604 年）出任顺德知县的倪尚忠（1551—1631 年）题写的“世沐恩光”牌匾。

这批朝廷命官为举人辈出的陈氏家族题写各种匾牌，固然源于对同为老乡和姻亲族中大事的尊重与祝贺，更重要的是对朝廷开放民间建立祠堂这一举措的有力支持。陈氏族人的建祠行为与南海、顺德籍朝廷高官群体默默的支持构成官民一致的高调宣言，产生充满号召力的社会影响，令此风披及顺德各乡，也成为夏言[①]提出民间建祠建议的有力支持。

① 夏言（1482—1548 年），明代政治家、文学家。

▼图 1-7
右滩黄氏大宗祠，始建于明代，为响应朝廷号召而合资兴建

李健明 摄

此后，右滩黄氏大宗祠（1607 年建）、莘村曾氏大宗祠（1621 年建）、逢简宋参政李公祠（1621 年建）、古塱漱南伍公祠（1631 年建）、路州黎氏大宗祠（1640 年建）等纷纷面世，令顺德成为以实际行动支持朝廷号召的区域。

此次修祠，是陈氏家族重要的文化事件，是凝聚陈氏族人力量的重要契机，也是陈氏家族获得官方关注与民众推崇的历史机会，更为后来陈家祠的修建奠定文化基础和历史基因。

三、沙滘大族逐渐形成

明正统十四年（1449 年）前后，黄萧养率众暴动期间，陈氏族人大多避乱佛山，平定后再返家乡。作为当地大家族，陈氏家族携带细软远

▼图 1-8
陈氏家族在乡间延续着古老的农耕传统，逐渐成为当地大族

李健明　摄

离乱兵。因此，沙滘《广兴堂陈氏族谱》有“携家避乱黄萧养乱，后被溺而终”的记载。

此后，陈氏家族“深处种菱浅种稻，不深不浅种荷花”，更“晨兴理荒秽，带月荷锄归”，积累着家族的财富，实现着生活的安宁与平稳。

稳定的生活与舒闲的空间，令陈氏族人得以自如寻找更适合自我的人生方式。

八世祖陈禋隐居西樵山，与湛若水（1466—1560 年）、霍韬（1487—1540 年）两人讲学于西樵山，更编纂族谱，设立族规，力行端方，将儒家达则兼济天下、穷则修身齐家的精神“步步落实，事事不苟，始于闺门，孚于宗族，以及于闾里”，深受推崇。湛若水更有“芳名垂典训，百世诚吾师”的颂扬。他计划筑建大祠堂，但最终宏愿未成。十一世祖陈英辂（1566—1638 年）熟习《春秋》，忠厚诚朴，温雅慈和，乡里称颂。十二世祖陈君錩的夫人为小布大族何雅伯女儿，她相夫教子，“躬亲井臼，克勤克俭，绝无红楼金缕态，且孝先人，敬舅姑，睦妯娌，约子女，尤为女中罕觏”。

经过多年经营，陈氏家族在生产、经济、科举、文化等方面都进入稳定而有序的发展中。此后，陈氏家族不断购买土地，增加祠堂面积与建筑数量，朝着更恢宏的建设和更庞大的族群挺进。

明万历四十一年（1613 年），陈氏家族购入岑氏祠堂右侧一亩二分地段，后在万历四十三年（1615 年），购得陈素期、陈迁等一亩三分一厘四毛二丝，又获陈迁塘地三分八厘。万历四十五年（1617 年），筑建出两座建筑。万历四十六年（1618 年），购得岑家面积为三分的地段，设陈氏宗祠地基。清康熙六年（1667 年）安置石墈，康熙八年（1669 年）修复中桁，建天井。

一个逐渐扩大的宗族祠堂缓缓成形，预示着一个渐成规模的家族根深叶茂，兰桂腾芳。

第三节

辗转创业　开创沙滘丝业

一、顺德丝业发展

明永乐四年（1406 年），一直从事丝业织造的顺德人已能年产生丝约 4100 斤，顺德丝业织造渐成规模。

明嘉靖年间（1522—1566 年），顺德龙江出品的“柳叶”“玉阶”丝织精品成为贡品进入宫廷。当地的乐从已是“民半事农桑，半事商贾”。此时的顺德有专业圩市 11 个，到明崇祯十七年（1644 年）增至 41 个，如陈村的花果秧苗市、大良的龙眼市。地处南海、顺德交界的乐

▲图 1-9
人们种桑养蚕，发展丝业，更催生出大批以丝业为源头的圩市

李健明　摄

从因邻近民众物质需求，出现乐步圩、马村圩、平步圩、藤涌圩、荷村圩、新圩、旧圩、葛岸圩，是顺德圩市最多的区域。

清康熙年间（1662—1722 年），乐从圩分布在平步、葛岸两堡中，百物荟萃，商贸繁盛，沙滘村为葛岸堡的重要区域。

随着市场需求的日益增强与圩市的日益发展壮大，一批专业圩市逐渐成形，如乐从丝市、陈村花市、容奇茧市，而乐从、桂洲、龙江、乐从后发展为商贸重镇。

清康熙二十六年（1687 年），顺德桑区逐渐扩大，水藤堡、容奇堡、北水堡、马宁堡成为蚕丝生产地，大批乡民投身其中。

二、陈氏家族与乐从丝业

清代早期，陈氏族人投身丝业生产。

十六世祖陈运元，他“生值奇贫，躬织天鹅绒，日夜不辍饵糟糠恒不给”，后在亲友帮助下，渐脱贫困。

陈运元生于乾隆二十一年（1756 年），卒于道光四年（1824 年），由此可知，乐从一带不仅织制土丝，更制作天鹅绒。十七世祖陈德荣，“少习织绒，晚年改设绸机于敦和里，卒儿子工作……”[①] 这是乾隆同治年间（1736—1874 年）的家族事情，也可知手动丝织机开始引入工场。此外，“兄弟分爨，各得绒机一台”也旁证当时人们以手动织机为生。

十七世祖陈荣山曾请竹虚公陈润怀、乔年公陈松发代为出让其父产业，他想将“所居涌边机房寻亦售出”，但“转售外人”时，“竹、乔二公以倍定价赎还。”[②] 因为，他们觉得这是兄弟手足，不忍转售外人，故以双倍价格买下，以保留家族企业，让缫丝业成为家族发展的物质基础。

---

① 乐从沙滘：《广兴堂陈氏族谱》，1917 年，第 247 页。

② 乐从沙滘：《广兴堂陈氏族谱》，1917 年，第 249 页。

十八世祖陈定扬，“与兄弟同织于敦和里，兄卒，与侄理业如故，诸侄既长，相与分居，公乃设大益杂货店于坊中，父子同力以糊口，本息既尽，因复闲居，诸子同养之”。①

竹虚公陈润怀经过多年企业经营与市场磨砺，深感实业重要。青壮年时期，他见“时人口众多，公以家费浩繁为虑，令诸子分途出洋营业”，②让他们在更广阔的空间奋力创业，成就家族宏图。他在去世前，环视四周，见“子孙满前而长子南行，切嘱诸子戮力营生，毋堕先人业，毋贻后人羞，着以遗言付南洋”，③可见他对子孙远赴南洋，创业兴家的重视和认可，反映出乐从乡间民众对立业旺族切实而稳健的思路。

▼图 1-10

苍茂的古树历经了陈氏族人潜心耕织、积财渐富的漫长历史

李健明　摄

① 乐从沙滘：《广兴堂陈氏族谱》，1917 年，第 249 页。

② 乐从沙滘：《广兴堂陈氏族谱》，1917 年，第 250 页。

③ 乐从沙滘：《广兴堂陈氏族谱》，1917 年，第 250 页。

陈氏族人一方面依靠天时地利的传统生存与生产模式延续自身和家族的发展，另一方面通过在南洋的艰苦拼搏，走出新天地。因为，在陈氏族人的文化观念中，金榜题名、出将入相固然可光宗耀祖，但认为“终能创业兴家，显扬于世”也是“人杰”。因此，他们觉得，杰出人才的定义有多重标准，“古人于乡族有尚贤之典，有彰善之条，即片长足录亦皆编列之以流传于世”①。于是，创业兴家、回报家族，成为与科举并行的宽广道路。

乔年公陈松发“幼而自业知自立，奋然曰：‘人之所持以谋生者，舍艺能奚所适从也’，乃毅然寻师学艺，在勒楼（今勒流）习织绸五年，毕业历工于桑麻逢简等埠，勤俭惜物，屡为东主器重……十余年食力于外，每作长途负米之举”，②可见他自励自勉、学艺四方、自我经营、自创价值的实业特质。后来，其父与人一起将 30 两白银借给他，让他与两位堂兄在勒流经营绸业。《广兴堂陈氏族谱》记载：清道光至光绪年间（1821—1875 年），十八世祖陈定朋“幼业丝绸，尝与竹（陈润怀）乔（陈松发）二公合资经营于勒楼，方一年而退，亲年耆老，自设机于敦和里，公与弟共织，兄弟辑睦”③，便指此事。可知他们曾到勒流合资开办缫丝企业。

他们“方一年而退”的原因是当时社会动乱，心挂家人的陈松发将企业迁回乡中。当时沙滘一带尚未有人专门从事木机缫丝。于是，陈松发在本乡招收工人，渐开风气，“业传一乡，机业大盛，为开沙滘绸业之祖”。陈松发为近代沙滘丝绸业的重要开创人。

陈松发“以三十金崛起，累寸积铢，所置产业屋宇皆出自此……其

---

① 乐从沙滘：《广兴堂陈氏族谱》，1917 年，第 250 页。
② 乐从沙滘：《广兴堂陈氏族谱》，1917 年，第 250 页。
③ 乐从沙滘：《广兴堂陈氏族谱》，1917 年，第 250 页。

弟二十多岁，业参与经营”[①]，陈氏族人对其充满敬佩。“工厂内百余人，无不爱慕之”，可知当时缫丝企业的规模庞大。此外，陈松发与两位堂兄“手足相欿，绸业为一乡之冠，远近知名，乡党中之有求助于公者，以数千金什而公不之靳也”，[②]其慈怀善德，引人钦颂。

族人认为，陈松发及其两位堂兄“公入塾不过三载而文理昭然，不间人欲，盖其知能之良根诸天厚，非徒诗书陶淑来也”。[③]可知他们纯良谦谨，深谙世情，有时诗书也无法熏陶，而家族文化却能百年树人。

从清道光年间（1821—1850年）到民国时期，陈氏家族在不断将稻田改作种桑养蚕的同时，还建立机房，专业缫丝，更专门制作香云纱，开展多样化的丝业经营，也为乐从丝业生产奠定深厚基础。

第四节

远赴重洋　代不乏人

虽为耕读世家，但陈氏家族仍从事其他行业。明嘉靖年间（1522—1566年），陈清“应募采珠，覆舟溺毙”，可知采珠深海也为当时产业。此外，在清乾隆四十九年（1784年），木匠出身的陈百章“在洋船服务”。这是一条珍贵史料，可追溯陈氏族人涉足外洋的早期历史，也可

① 乐从沙滘：《广兴堂陈氏族谱》，1917年，第250页。
② 乐从沙滘：《广兴堂陈氏族谱》，1917年，第250页。
③ 乐从沙滘：《广兴堂陈氏族谱》，1917年，第251页。

知乾隆年间（1736—1795 年）中外贸易的影响深入乡村。

清同治、光绪年间（1862—1908 年），陈永铨“两适南洋、未能逞志”。一个“逞”折射出当时人们对创业南洋、成就梦想的遥深寄托。另外，陈永昭“幼业丝绸，大益既创，助父经理，后业闭歇，适南洋，寻卒于此”。[①]

陈松发次子陈永康“饶胜略，有大志，本性忠诚，天资敏慧，七岁入塾，过目不忘，业师不能困以经书也”，[②]此人后来目睹“家中生齿日繁，生计日促，倾败之忧，为日孔迩，兄弟同守一隅，鼾然不觉，设一旦不守其业，则外援者难也”。[③]于是，他不顾家人反对，远赴南洋，

▲图 1-11
陈氏族人不断远赴南洋，开拓实业的新空间
李健明　摄

① 乐从沙滘：《广兴堂陈氏族谱》，1917 年，第 253 页。
② 乐从沙滘：《广兴堂陈氏族谱》，1917 年，第 254 页。
③ 乐从沙滘：《广兴堂陈氏族谱》，1917 年，第 254 页。

与后来陆续抵达的兄弟贷款经营锡业，由于锡价暴跌，他们负债累累，其兄黯然北归，他独力苦支，后心忧力困，终命南洋。临终前，他感叹道：“锡山之败，非人事之过也。”让人读出当时陈氏族人在南洋开发锡矿的艰难历史。

大批陈氏族人前赴后继地奔赴南洋，形成从未中断的家族传统。陈氏族人不仅躬耕家乡，且结伴闯沧海，在广阔的天地中自我锤炼，以成就一番更精彩的事业。他们通过勤奋的双手与顽强的意志，在举目无亲、白手兴家的创业中，磨砺出不囿于成、自我超越的文化精神，更不断实现着实业兴家、光宗耀祖的切实理想。

第五节

陈泰南洋致富　全力支持建祠

在几百年间不断涌向南洋的陈氏族人中，陈泰是最具传奇色彩的人物。也因为他，开启陈氏大宗祠的恢宏历史。

陈泰（1850—1910 年），全名陈文泰，字子章，号瑞田，印号“遂贤”，是乐从著名南洋巨商。乡人旧俗，为求便利，人们只称人名的前后两字。因此，他就以“陈泰”名闻至今。

陈泰祖父为陈裕敬（1763—1833 年），父亲为陈怡体，兄弟为陈子章、陈子翕。

陈泰“业矿南洋，多获巨万，知人善任，尤其所长”。有 8 位夫人和儿子 3 人：煜来、杰来、秀来，女儿 1 人，嫁到平步林氏家族。

陈泰弟弟陈子翕，后受封直奉大夫直隶州分州加一级。夫人罗氏，乐从马滘人，诰封五品宜人。

陈泰在南洋致富的传说版本颇多。其中三个颇近真实。不妨一录。

一说是陈泰当初在马来西亚为开锡矿的老板做饭，这个老板一直找不到矿源。一天，陈泰在厨房发现火烧处露出矿石。他见状大喜，却不露声色，照常炒菜做饭，一切如常。后来，老板见一无所获，于是转包他人，陈泰马上接手开发，果然矿脉源源不断，于是积财渐富，终成巨商。

另一说是陈泰当年跟随开锡老板辛苦劳作，矿源无踪，正愁苦无措。一晚，陈泰半夜小便，无意中发现小便流动处烁烁闪光，他内心一动：莫非这就是矿源？于是急不可待地用手拼命挖去，他惊喜地发现地面果然结构异常。于是，他初步判断此处为矿源，但他严守秘密，不声

▲图 1-12
陈泰故居墙脚，雕花精美

李健明　摄

不吭，直到老板无望离开，他马上约上几位兄弟联手开发，果然锡矿丰富，后终成富商。

▼图 1-13
高耸的镬耳山墙与逼仄的巷道存留着当年的繁华气息
李健明　摄

最后一个传说是为老板做饭的陈泰发现矿藏，于是告诉愁眉苦脸的老板。惊喜若狂的老板马上动工，不久就得矿致富，后将女儿嫁给他。陈泰承接巨额财产后，便成富商。

之后，陈泰深念家乡，于是挑着一杆竹扁担，远涉重洋，回到沙滘。刚到家门，多年不见丈夫的夫人大喜过望，连忙杀鸡筹神。忙乱中她找不到引火木柴，顺手操刀，破开扁担，谁知哗啦啦流得满地白银。

后来，陈泰购置村中荒地。不久，乐从经济腾飞，这些当初毫不起眼的边角碎地价格飙升，成为他再获财富的汩汩源泉。

相传陈泰在故里北村同时建成房 10 间，选择吉日同时上梁。启动时鞭炮轰鸣，热闹非凡。如今，村中老人仍依稀记得当年盛况传闻。一百多年远去，这些雕花精制、红砖大石的当年豪宅，仍镌刻着当年印记。

以上传说，众说纷纭，但陈泰南洋致富，却是不争事实。

相传慈禧太后巧取豪夺，逼迫陈泰捐出白银 10000 两，封他资政大夫花翎候选道加四级，夫人则是诰封二品夫人。其祖父、父亲也因他贡献社会，功勋卓越，获封资政大夫衔，可谓光宗耀祖。但陈泰深知这些只是空有其名的虚衔，认为建造家族祠堂更为实际。于是，全力支持建造祠堂。在后来修建祠堂的资金筹集过程中，陈泰及其两子共捐款10000多两白银。

第六节 陈氏大宗祠　古今故事多

一、全族动员　合建祠堂

清末，陈氏族人陈文蔚担任南顺堡第三十六乡乡长。陈文蔚曾入读广州陈氏书院。回乡任职后，他每天巡视乡中，见得沙滘村散落大小不一的陈氏祠堂。一天，他内心一动：何不发动族人修一座大型的陈氏宗祠？他的建议马上得到闲居乡间的陈泰认可。于是，陈文蔚向族人叙述想法，族人也拊掌称善，陈文蔚马上带他们前往广州，细细参观陈家祠。回乡后即商议以广州陈家祠为蓝本，兴建沙滘陈氏大宗祠。

于是，族中长老带头，开始筹集资金，并力邀当地著名建筑商周满记等负责工程。根据预算，祠堂修建需花费20万两白银。

陈氏家族规定，族内所属各房子孙，需从自有财产中抽取百分之二为投资额。认投方式为自愿参与，参与者须在太祖前焚烧黄纸“誓愿”，誓词明言，若弄虚作假，自身受灾，子孙不利，更规定若拒绝参与，无权享受太祖胙肉。因此，陈氏大宗祠也被称为“誓愿祠”。资金

▼图 1-14
碑刻中的“瑞田”就是陈泰，他捐款白银 6000 两

李健明　摄

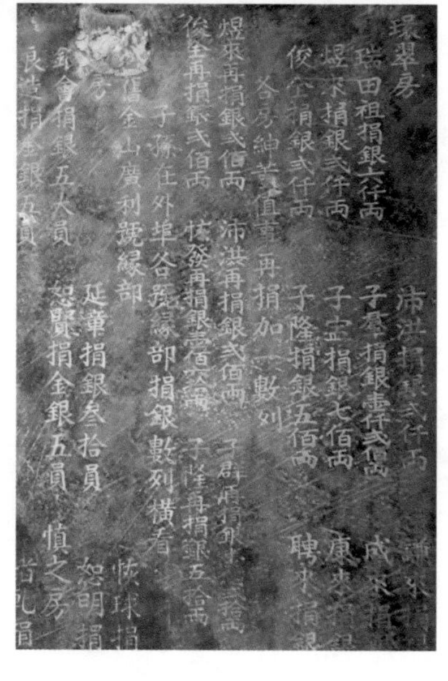

筹措后，人们在震天的鞭炮声和不绝的欢呼声中拉开陈家祠建造史的序幕。

捐款碑刻上刻满密密麻麻的捐赠名单，其中陈泰捐款 6000 两白银，其子陈煜来、陈杰来分别捐出 2000 两白银。后来，陈煜来和陈杰来加捐 200 两白银。陈泰父子的全情投入，足见一斑。此外，旧金山广利号、马加示（马达加斯加）、留尼汪谦益号、毛里求斯、吕宋张字号及众多家族纷纷捐资，构成一股巨大力量，推动陈氏大宗祠的建造进程。

▶图 1-15
海外的陈氏族人为祠堂建造积极捐资

李健明　摄

二、南洋选材　历经三年

当时，沙滘陈氏家族派遣一位族人远赴马来西亚挑选木材。这位认真细致的族人希望采用优质木材建造族祠。于是，他远入深山，精心选材。当时通信闭塞，他又行踪不定，陈氏家族一直难闻其音，

工程也在等待木材中有序推进。谁知一等就是两年，人们开始怀疑他私吞公款，远走异乡。于是，谣言四起。

第三年，这位族人终于回信家乡，告知木材全部运到香港，请族人运回沙滘。众人得闻，深为感动，流言戛然消失，人们转而称颂他一心为公，闻谤不辩。陆续运来的厚实坚硬的酸枝、花梨、坤甸等南洋嘉木，成为陈氏大宗祠的栋梁板檐，更镌刻着这个动人故事。

陈氏族人不遗余力，力求精益求精。他们在对联、神楼屏风、木雕上所贴金箔就多达 4 公斤，祠堂上的桁桷、横阵、顶托、栋梁全为入钩榫，由从广州陈氏大宗祠移师过来的师傅们与周满记名匠们通力合作，精雕细琢，一丝不苟。工匠们创作的人物风景、花鸟兽虫，巧夺天工、出神入化，至今虽历经百年，但仍顾盼有神，不呼自出。

▼图 1-16
建于 1888 年的广州陈氏书院（俗称“陈家祠”），气势沉雄、雕塑精美，名闻远近

李健明　摄

这座占地4000平方米的大宗祠，宏伟壮观，通透舒朗，工精技深，思妙智巧，材珍料实。透过正脊上张扬的灰塑，也通过中规中矩的形制，将家族崛起的实力有度展示，更将族人对先祖的尊重、对自身的敦促与对后辈的期盼通过繁缛的雕刻，以及无处不在却充满上进寓意的构件细细透露，成为一百多年来屹立在水乡深处却名声远播的大祠堂。这座陈氏族人引以为豪的宗祠，不仅是顺德面积最大的祠堂，且在1991年列入顺德文物保护单位，在2002年列入广东省文物保护单位，成为广东省珍贵的物质文化遗产。

▼图 1-17　落成后的沙滘陈氏大宗祠

李健明　摄

◂◂ 第七节 ▸▸

民国著名建筑商：周满记

在乐从，人们常在古朴的祠堂、典雅的豪宅、精巧的小舍、宽敞的公厅中看到“周满记造”的字样。自清代到民国时期，这些不同建筑散落乡村各处，成为乐从文化历史篇章中的精彩书签。在乡人心目中，“周满记造”是工精艺深与质良价宜的标志和保证，也是民众财富与实力低调却急切的展示。守诺重信、名闻乡间的周满记，不仅成为值得人们信赖的建筑商，且在一砖一瓦的搭建中实现着人们安居乐业、振业兴家的理想。

▶图 1–18
周满记全家福
周志伟　供图

一、重操旧业　异军突起

周满记家族源自南海石湾。清末，周满昌与其子周贵隆（1858—1940 年）每天用小艇将蔬菜、风炉、沙煲运到沙滘摆卖谋生，小日子过得安稳舒心。

当时的沙滘，丝业渐入鼎盛。丝业作坊鳞次栉比，大小丝厂热火朝天。人们种桑养蚕，缫丝运输，日夜劳作，从未停息。

积财渐富后，乡人纷纷拆除旧宅，建造新舍，更有海外华侨汇款家乡，建房造院。本是出色建筑匠的周氏父子洞察到建筑市场的巨大发展空间，迅速踏进这一产业。

周贵隆从小就跟从师傅学习建筑技术。他设计绘图，毫厘不爽；砌砖砌墙，目送手挥。他更深通绘画书法，花鸟人物，顾盼生姿；颜筋柳骨，正气凛然。他还与同是建筑工匠的同宗二弟周柳庭、三弟周贵调等相与商定，重操旧业。兄弟联手，自然不同凡响。

周满记在丝业重地沙滘的异军突起，刚好切合乡人建房造舍、安居乐业的产业需求，折射出他们敏于事、勇于为的性格。他们从承接零星业务开始，扎实劳作，一丝不苟，再加上朴实谦和、手艺精湛、价廉物美、重义守诺，生意渐见兴隆，后更应接无暇。后来，他们在沙滘良涌口设“周满记建筑店”，承接大型建筑项目。

二、颍川旧址　声誉鹊起

颍川旧址一带的建筑群是周满记声誉鹊起的开端。当时陈氏家族邀请周满记建造一片房舍。周氏父子将明代镬耳大屋的形制与清代雕梁画栋的装饰艺术融为一体，呈现出富丽堂皇的庙堂气派与精雕细描的舒雅气韵。

整齐排列的高屋大楼，规整气派，灵动精致；主房、客房、神后房安置妥帖，紧凑舒雅；厨房、洗手间、储物室、赏月亭巧妙穿插，布局

▲图 1-19
周满记精心筑建的颍川旧址建筑群，令其声誉鹊起

冯海棉 摄

合理。中西合璧的结构与方便卫生的设置，令陈氏豪宅鳞次栉比，却层次分明，功能多样，贴切地满足家人各种需求。灰塑、砖雕、壁画等更将八仙贺寿、兰桂腾芳、马上封侯、远水近山、花鸟佳果、神仙人物等传统吉祥题材精彩呈现，令人目不暇接，惊喜不断。

此外，周满记将笔直的巷道、端雅的闸门、干净的街石、雅洁的房舍、明亮的厅堂、舒适的结构与观念引入乡村，走出昔日乡村房舍低矮昏暗、结构交错无序、装饰随意潦草的传统样式，引领乡间住宅风尚，成为轰动一时的乡间大事。建筑群落成后，四乡八邻的人们闻风赶来，欣赏点评，交流品味，更纷纷邀请周满记洽谈业务，建造大房小舍、公厅祠堂。周满记迅速名播远近。

三、施工建设　一应俱全

此后，周贵隆与四子周禄鎏潜心经营周满记。他们还在本地或从石湾招聘大批泥水匠、木工、石工、雕工加盟。周满昌五子周禄权精通壁画，他将充满清代岭南风格的山水、人物、花鸟融入祠堂房舍壁间，绚丽鲜艳、热烈奔放，让人抬头见喜、举步生风，更有山水相伴、神仙相随，成为农耕时代活泼多姿与意爽神畅的艺术画廊。能工巧匠们将麻石巷道、各坊闸门、瓦当滴水、砖雕石刻进行精工细雕，一丝不苟，更巧思入微、和气呈祥，令人心满意足、意畅神舒。

周满记设计祠堂场馆前，必将设计图案、壁画样式和雕塑样板提前恭请客户选择，彼此商定后才动工。这种以宾客为上的服务模式，每每

◀图 1-20
出神入化的工艺与贴心细致的寓意，令周满记在乡间深受推崇

李健明　摄

▲图 1–21
在乐从村落深处，人们总能与“周满记造”不期而遇
李健明　摄

事半功倍，皆大欢喜。他们更在竣工后，赠送塑有“周满记制”的花盆以作装饰，成为有效的宣传方式。

此后多年，路州的黎氏大宗祠、周氏大宗祠，沙滘各村的祠堂、豪宅、大户，小布的万福堂，沙滘南村的崇文小学，西樵山云泉仙馆的景庄、新殿、精舍等，无不镌刻着“周满记造”的印记。

从清代末期到民国初期，周满记崛起于乡间，成为乐从首屈一指的从设计施工到建设装饰一应俱全的建筑商。

四、陈氏宗祠　传世杰作

陈氏大宗祠是周满记进入鼎盛时期的杰作。

1895 年，陈氏家族邀请周满记主持陈氏大宗祠的设计与建造。于是，周满记开始投身到有条不紊的工程推进中。

他们无论绘图策划、挖基作渠、铺石砌砖、筑墙搭顶，还是立栋上梁、雕刻塑像、描画涂金，无不纲举目张，有条不紊。他们对来自南洋的名贵木材，从各地精选的石材青砖珍惜有加，即使断砖零瓦，牛溲马勃，无不物尽其用，更精雕细刻。每天千人劳作其中，叮咚不绝，人来货往，热闹紧凑。周满记运筹帷幄，巨细无遗的管理才能展现无遗，更体现着他们黜奢崇俭、开源节流的行事风格。

六个春秋的寒暑，设计师、画师、雕塑匠、水泥工与刚完成广州陈氏书院建造工程的工匠们紧密合作，在这片宽广的工地上有序劳作。

所有参与者都深知，一个千载难逢的机会正在降临：他们不仅将为世人留下庄严端丽的陈氏家族大祠堂，还可在这个巨大舞台尽情施展自己磨砺多年的一身本领，更可寄托深幽宏大的人生理想。于是，他们与其他承建商一道，埋头劳作，从未间断。周满记更不断筹措资金，运作资源，最终将陈氏大宗祠建造成晚清岭南建筑艺术的集大成者。

落成后的陈氏大宗祠因设计精严、规划科学及建筑的辉煌雅丽、宽敞明亮，不仅为周满记赢得良好声誉，且奠定其精严端丽、闳大沉雄的建筑风格与大处气势宏博、小处精雕细刻的艺术特色。在陈氏大宗祠里，广州、佛山等地成熟洗练的岭南建筑风格被有序引入，晚清绘画的

▼图 1–22
精彩传神的灰塑令陈氏大宗祠充满活力与神气
冯海棉　摄

笔墨风格化作壁间灵动绚丽的人物山水、花鸟鱼虫，独具时代特色，而含义丰富的雕塑、灰塑、石刻，玲珑剔透，灵气逼人，充满灵动气息与郁勃生机。

端严大气、雅致温丽的建筑风格深入乡间，渐成风气。从此，更多家族、企业、个人纷纷邀请周满记设计施工，造祠建舍。据不完全统计，周满记共建造超 200 家大小建筑，成为名副其实的建筑名商。

积财渐富后，周满记还吸纳公心成米机、广州六二三路协德同米机的股份，不断扩大企业规模。

▼图 1-23
活灵活现的瑞兽

冯海棉　摄

▲图 1-24

陈氏大宗祠砖雕上的“周满记造”，将周满记的发展历程融进了建筑文化深处

李健明 摄

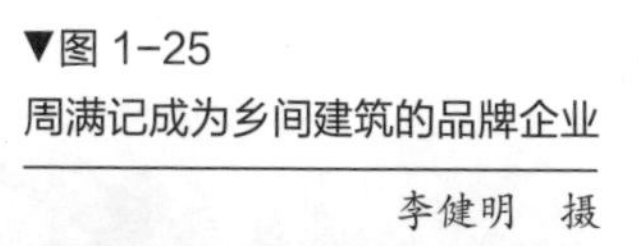

▼图 1-25

周满记成为乡间建筑的品牌企业

李健明 摄

五、慈怀善德 舍己为公

周贵隆虽富甲一方，但心净义高，慈怀善德。举凡村中公益，如沙滘市角道街灯、交通要道茶亭、乐从同仁医院、纯阳观的兴建与修筑，他无不率先垂范，倾心尽力。他更在1915年洪水来临时，捐款救基，祈祷安顺，后乡人赠他“愿得安澜”牌匾。

抗战期间，周贵隆曾捐款1000大元，筹措战争荒粮。当时他实已囊中羞涩，后众子四处筹措，才得承所诺。后来，乡人按捐款比例发放度荒粮食，周氏族人因捐款量大，所得粮多，得以度日，人们皆称他“善有善报”。

至今，乡人后代仍念念不忘其当年善事。

▶图 1-26
致力于乡间公益的周满记

周志伟 供图

抗战期间，烽火蔓延到沙滘，日军屡次洗劫周满记，令其元气大伤，族人更四处避难，事业渐入颓毁。

中华人民共和国成立后，周氏族人继续这一古老技艺，多有后辈从事建筑。至今，他们分布各处，默默承传着家族文化与精神。

第二章 宗祠民俗文化意义

祠堂是家族慎终追远、身份重申、自我警醒、砥砺族人、结盟交谊的神圣空间。面对先祖神灵，人们心无虚妄，分外肃穆庄严。在恭谨谦卑、进退有序的拜祭中，人们真诚地与列祖列宗深度交流，更彻底荡涤内心的杂芜与思想的虚无。祠堂成为族人灵魂的净化地。平日，族中婚礼寿宴、添丁灯酒、科名庆贺皆在此处举行全族聚会。族人觥筹交错，把臂并肩，热闹非凡，所有细节都成为人们毕生最美好的记忆。祠堂又化身为充满温情的公共空间。平时的朝廷政令、衙门任务、族中大事、乡邻交涉，也都在这充满正义色彩与公平气氛的空间中有序进行，令人们获得更多来自庄严先祖、纯粹内心、公共利益的支持与判断，往往事半功倍，一举数得。拥有众多功能的陈氏大宗祠，成为乡人信服依赖的权力空间，陈氏族人在道德的指引与族规的规限中，从祠堂出发，有序推动族中大事的正常运作，更推进琐屑小事的落实和完善，令彼此皆获得精神的充实与现实的满足。

第一节 春秋二祭

一、祠堂祭祀先祖历史

祠堂以始祖神主位为整座祠堂最神圣的地理与文化核心。历代祖先神位以始祖为中心，分昭穆左右排列，构成一个家族的血脉源流与精神重地。

祠堂铭怀祖先源于古代帝王宗庙祭祀先祖。成书于汉代，叙述先秦礼制的《礼记》清晰记载：“周制祖庙天子七，诸侯五，大夫三，适士二，官师一，庶士庶人无庙，祭于寝。”从天子到士人，宗庙数量不断减少，无庙可用的庶人只能祭于寝。寝即卧室。

经过漫长的反复与变更，这种祭祀制度在三国时期开始恢复，北齐时期规定不同级别官员可祭祀不同世代的先祖。八品以下可祭祀两世先祖，但仍无庙，依旧祭于寝。北宋开始允许文武官员设立家庙，拜祭先祖，但规定三品以上祭祀五世，正八品以上祭祀三世，其他则只能祭祀两世。

明初，规定三品以上官员可建造五间九架家庙。嘉靖十五年（1536年），全国开放祠堂建设，但仍规定三品以下官员只能建造三间五架家庙，一切形制严格按朱熹《朱文公家礼》的规定建造。朱熹的最大贡献是庶人可祭祀四代先祖，打破礼制设立以来“礼不下庶人”的陈规，实现平民与官员、帝王在铭怀先祖上的相对平等，而此后祠堂建设的开

▲图 2-1
明清时期，祠堂的建造规格限定严苛，不可逾越

李健明　摄

放与基础渐深的先祖世系纪念，为宗族的兴起与道德的承传奠定扎实基础。

自此，乡间开始大兴土木，建造祠堂，人们更在四季不同时间祭祀先祖。

清代开始，顺德人从春、夏、秋、冬四祭改为春、秋、冬三祭，夏祭取消，以清明墓祭代替。

陈氏家族的祭祀与顺德其他地方一样，祭祀按时间和程序分为常祭、特祭与大祭三种。常祭为常规性祭祀，于每月初一、十五，春分，中元节，中秋，秋分，除夕举行，规模较小，每家只需一人参加。特祭则为族人婚嫁、生子、科举得名、升官晋爵等重大事项。仲春、仲秋、冬至日大多家族的祭祀品包括：正寝为羊、猪、烧猪、荤菜八盘、生果两盘、面果一盘；左右寝则是烧猪各一、荤菜各六簋、生果各一盘、面果各一盘。陈氏家族大祭为合族举行，春节、冬至为最隆重，称“春秋二祭”。

二、春祭

（一）前奏与铺垫

每年大年初一，平时紧闭的陈氏大宗祠大门开敞，族人陆续进入。

陈氏大宗祠以高大的头门、平整的前庭、肃穆的中堂、庄严的后堂构成纵深式层层渐高的庞大建筑结构，散发着无处不在的肃穆庄严气息。窗花与砖墙、天井与屋檐、小草与桂花形成的明暗交错、刚柔相替、庄严与明媚交融的视觉效果与氛围，令人们碎步前行中不断提升精神的纯粹感与文化的庄严感。巨大的前庭上方明净碧蓝、充满凝固感与纵深感的天空，更将陈氏族人的视野与内心引向充满约束性的无尽空间，再度荡涤内心的浮杂琐屑，令他们以纯粹的陈姓后辈个体生命形态与认知静立前庭，垂首并足。

▼图 2-2
庄严的中堂是族人举行祭祀活动的神圣空间

李健明　摄

此时，陈氏历代祖先正襟危坐的画像、恭敬请来的先祖神主、浑实巨大的香案、袅袅绵绵的清香、光凝明亮的烛火、叙说辉煌的对联、功能不一的仪仗、断续有序的钟磬、满斟清酒的方尊、饱满新鲜的水果、精心蒸制的糕馔、包扎利落的角黍、滚圆香脆的煎堆、整齐排放的牙箸、割切方正的烧肉、精挑细选的鸡鹅鱼，早已主次分明，摆放有序。其中袅袅清香与闪烁烛火可将子孙的祝福与祈祷通过黄纸的焚烧送达先祖；清酒、水果与糕馔散发的清香让先祖分享到后辈的真诚；鸡的吉祥、鹅的守诺、鱼的盈余、烧肉的精壮传递着陈氏后辈对先祖精神的承传与坚守；断续的钟磬与肃穆的仪仗构成动静交融的在场身份提醒。

►图 2-3
讲究的祭品体现出人们对先祖最真诚的敬畏
李健明　摄

（二）**祭祀全程**

吉时降临，鸣炮三声宣布祭祀开始。随后，擂鼓三通，预告进入正式程序，也敬告各种不祥远离现场，规避冲突。祭祀人员各就其位。作为宗子或族长的主祭者与陪祭者分别就位。主祭者前往洗盥处净洗双手，然后肃立祭堂东侧拜位处，主妇则在西侧拜位处，屏气肃立。男丁按族谱字辈中的“维崇桢象际，德盛显忠良，恢绪成先耀，家声世代杨”有序排列在中堂、月台、前庭。

此时，宗子或族长依序躬身焚香、拜敬先祖神灵、敬献牺牲、恭送清酒、拜揖祈祷。司仪则诵读铭怀先祖、叙述功德、后辈奋进的祭文。

主祭人在主持人引导下，完成初献礼、亚献礼、三献礼的敬礼过程。

初献礼程序一般是主祭者面对神像下跪，敬香，再双手捧爵敬酒，为初献酒。清酒洒地，为奠酒，再献帛。

不少家族也有献箸、献食、献馔、献牲仪、献羹盐、献刚鬣柔毛等仪式。[1] 主持人每念及一样祭品，都用双手轻轻一触。如是者三次，暗喻敬献天地神。

整个祭祀过程，主祭者手执酒壶，向主持人递送的酒爵满斟清酒。同时，双手谨握筷子一双，轻点主持人所端饭菜。主持人则将酒倒入案上爵中，饭菜敬置神案。

随后是族中长老敬献先祖，为“耆老献礼”仪式。

随后，主持人焚烧祭文、祝词、纸钱。族人需目睹着焚烧过程，待先祖接收全部祭文内容后，按长幼依次退出。

在中国古代文化中，人们相信祭品可通过大火的焚烧经火神传达给先祖。因此，目睹祭品化为灰烬为监督祭祀效果的关键程序。

礼成后，锣鼓响起，恭送先祖，庄重的集体祭祀活动结束。

整个祭祀过程，主祭人每完成一个程序，都要向列祖列宗的神位叩拜。随后主祭人带领陈氏族人下跪叩拜，如此反复，直到所有程序完成，形成对先祖不断积累的崇敬与自身青出于蓝的自勉。

主祭人其实一身数用。他是陈氏家族这一最重要活动的主持人；他是陈氏家族传统精神的当代传承人；他是陈氏族人向先祖传达后辈感恩、自砺、奋进，让先祖安心的代言人。

因此，他是传统精神与当代文化的结合体。平时的行为与现场的举

① 此处食为米饭，馔为糕点，牲仪为鸡鹅鱼，刚鬣为猪，柔毛为羊。

动，都在族人全方位的审视与评判之中。因而，自身的道德修养与精神追求都令他更一丝不苟与精益求精，实现着传统道德规范与当代文化需求的融合与升华。

（三）独对先祖

集体祭祀结束后，族人逐一按辈分经左侧拱廊进入列祖列宗神位整齐排列的寝堂。

此为先祖灵魂栖息地，后庭的肃静与祭堂的庄严形成由上而下，巨大且无所不在的神圣力量，挤压着每位叩拜者的内心。

略显逼仄的空间，提醒着陈氏后人提升时间效率，将时间匀给看不到尽头的身后队伍，但这是陈氏族人一年为数不多的能与历代先祖单独沟通的神圣时刻。因此，他们以素净清正、德纯行端的陈氏后人身份默默向列祖列宗上香叩拜，喃喃低语，既自报身份，简述一年经历，又自我反思一年得失，感恩福佑，更祈求先祖日后绵绵照应，也祝祷先祖安享福祚。

这是静默的空间，却是动人的场景。陈氏先人与后辈在这里相遇与相融，完成着从精神到文化的熏陶与洗礼，更实现着身份的再度确认与重申。

前人的时间观，就是现世的短暂与精神的永恒。寻常生活的真谛与点滴快乐是如此值得珍视，正如永恒的荣耀般值得不断追求。于是，他们在瞬间的建筑空间占据中以期获得永久的文化提示与精神享受。

祭祀先祖后，族中老人多能在祠堂的衬祠共享“祠堂饭”。虽然胙肉仅为盐水清煮，不带五味，以此表达后辈对先祖素净淡清的崇敬之情，但这是经过祠堂合族祭祀先祖全程的胙肉，实已获得先祖神力，为族人的最高待遇。族人享受古代“饮福受胙”的崇高礼遇，淋漓尽致地表达着族人对先祖的由衷尊重与一直推崇。

在陈氏家族中，参加祭祀的后人都要经家庭的推举与家族的甄别。

◀图 2-4
在家族祠堂合影，
成为昔日陈氏族人
最珍贵的记忆

陈洁莹 供图

◀图 2-5
独对先祖，人们内
心都会升腾起万千
感触

李健明 摄

这是对族人行为的肯定，也是一个家庭的荣耀，更是所有人向往与努力的方向。因此，拥有此资格者不能缺席。拒绝参加或迟到更视作对先祖的极大不敬与对全族的蔑视，更会褫夺家族利益。因此，他们无不衣冠整洁，准时到达，而且，只有参与祭祀的族人，才有资格享受家族颁派的胙肉，这代表着族中至高无上的身份。

三、冬祭

冬至为阴阳二气展缓的关键时段，从这一天开始，阳气开始上升，陈氏族人与所有顺德家族一样，合族拜祭祖先。

这一天，陈氏宗子或族长在祠堂中宣读族谱祖训，主要包括忠、孝、礼、义等，同时叙说家史，更将族中一年收入公布，并将剩余部分分配到各家中。

▼图 2-6
族中有一定身份者才能参与祭祀活动

李健明　摄

陈氏老人回忆，陈氏大宗祠平时并不开放给族人摆酒，即使大排筵席，也是名望极高者才有资格。他们依稀记得，几十年前，陈致坚夫人小时就曾在祠堂里喝过喜酒，因其父为著名华侨，她才有资格参与喜宴。

大宗祠在冬至日颁发胙肉，每丁八两，更有一些家族对有功名者除派发猪肉一斤外，另赠羊肉六两。

至于族中子孙外出赴任，三年不到祠堂，则暂停其胙肉，待回来后再颁发胙肉，隐隐折射出家族不可冒犯的威严与无处不在的权力。

不少家族除胙肉外，还配搭“大包两个，棋饼两个，生果一份”，而大包以猪肉、五仁、椰丝、芝麻、榄仁等作馅。冬至日，还分配枝叶壮茂的橘子，在庄重与威严中散发出淡淡草根温情。

第二节 太公分猪肉

一、胙肉背后的等级关系

胙肉是家族以族产买下壮猪后，在重大节日将其切割成分量相等的肉块。族中德高望重者按族人学历高低、贡献大小、道德尊卑分配胙肉数量，以此表达对长辈的尊敬、维系族人等级、奖励有贡献者、激励后辈奋发上进，光宗耀祖。

大良《竹园冯氏显承堂族谱》对分胙条例规定清晰：

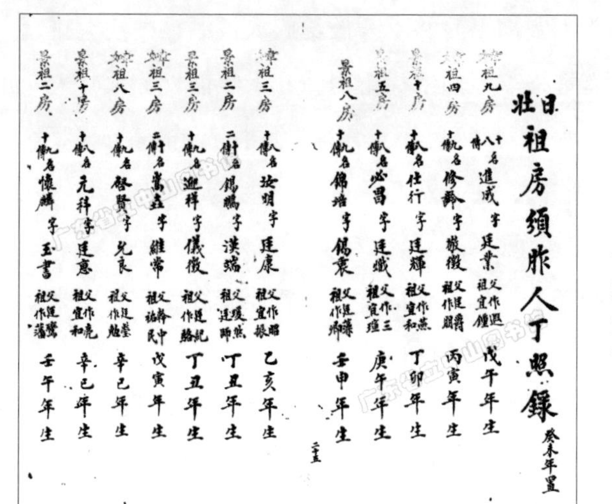
日壯祖房頒胙人丁照錄

◀图 2-7 族谱中对胙肉份量分派指引清晰

李健明　摄

（资料来源：广东省立中山图书馆）

祭胙，乡国学一斤，例贡一斤半，武举恩拔岁副优贡二斤，武进士文举人三斤，文进士武侍卫五斤，中书主事六斤，翰林武鼎甲七斤，文鼎甲八斤，乡吟正宾一斤半，副介半斤，主祭一斤，襄事各半斤，值事各半斤。

从这个条例中，可知不同科举层次在乡间严密清晰的等级关系，尤其是武举人、武进士相对偏低的社会地位和落差巨大的待遇，令族人更瞄准诗书攻读，向一路青云的文科举人、进士奋进。而祭祀主持者与助理获得与乡国学生一样的待遇，可以见出族人对他们为家族默默奉献的尊重，散发着淡淡的人间温情。

现任文员九品以下一斤，八品二斤，七品三斤，以上每品递增一斤。

现任武员七品以下一斤，六品二斤，五品三斤，以上每品递增一斤。

捐文职衔八品以下一斤，六七品二斤，四五品三斤。

捐武职衔八品以下半斤，六七品一斤，四五品二斤，三品三斤。

对现任官员等级清晰的胙肉分配，反映出族人对社会地位的尊重，而处处以文举人、文进士作为参考标准，折射出族人对科举的重视。虽然族人对捐官的胙肉分派明显降级，但无法改变他们对权力的敬畏，更何况捐官大多为迅速崛起的经济大族。因此，族人对捐官的看法十分复杂，既需大家族的经济支持和社会资源，又无法突破传统价值观中"正统出身"的固有视角，这一矛盾呈现出胙肉派发过程中最具意味的微妙细节。

> 七十一岁一斤，八十一岁二斤，九十一岁四斤，百岁八斤，余每年加一斤。
>
> 七十一岁不到山祭与席胙，如到山加轿费八十文，八十一岁不到祠祭与席胙。

对不同年龄老人不断加码的胙肉分配，反映出族人对老人们于家庭、家族、社会贡献的认可与尊重。

在许多家族中，年满六十岁者可多领一份胙肉，七十岁以上者按每长十年多拿一份，年长自梳女在一些家族中因贡献巨大，深得族人敬重，在不少族谱中清晰规定她们可领两份，与七十岁或秀才同等待遇，这在男尊女卑的时代可以见出乡中人的务实和对特殊贡献女性的尊崇。

▲图 2-8
乡间家族中领取胙肉的木牌

麦铭棠　供图

装盛猪肉的瓦碗大多印刻着家族堂号，如陈氏"本仁堂"印记，上有一只精神抖擞的公鸡，俗称“公鸡碗”，暗喻家族强盛的生命力与尽情享用无尽吉祥。

二、胙肉的民俗意义

胙肉中的猪肉源自古代礼制中民间祭祀只能使用猪只的相关规定，而分派的胙肉因源自祠堂，带有明显的享用“先祖恩惠”的含义。

人们通过分享这一诞生于神圣节日与祭祀空间的食物，将其神圣性通过享用进入身体，并由此获得先祖神灵的神秘力量，成为先祖神灵庇佑下的一份子。

一起分享胙肉的族人也因此成为从血缘到精神再到共拥神圣力量的共同体。胙肉为他们与族外人群划出一条清晰边界，构成超越世俗交往性质的特殊联盟。每次族中成员因身份或功绩不同而获得不同份量的胙肉数，也不断重构族内的权力关系和等级次序与资源分配。因此，人们在领取胙肉的同时，无不暗暗自我勉励继续自我超越，成为引人注目的族中英才。

作为推动这一行为的核心区域，祠堂再度成为这个家族明晰宣示本族道德取向与价值指引的核心，但其要义无不与国家制度与传统道德价值遥相呼应，实现着宗族的价值导向指引。

同时，共享陈氏先祖胙肉的族人，建立起因陈氏血脉延伸出来的家族伙伴关系和互惠性社会义务，构成第一层密切的人际关系。在这层关系中，他们成为血脉与道德最纯正的群体，彼此深度信任与认同，这往往令他们成为最紧密的合作伙伴和生死与共的同盟者。同时，与无法获得胙肉的同族人或外族人形成边界清晰的伦理关系与道德评判。

因此，共同拥有胙肉的族人在平时的经济合作或集体行动中，因胙肉构成的血脉关系与道德的互认作用，往往成为毋须继续进行道德审视或血脉探究即可直接联手的合作者，从而搭建出成本最低、效益最高的联盟。

胙肉分派除在春节进行外，在清明、端午、重阳、冬至都进行，如今乡村中最为热闹的新春灯酒和重阳敬老活动，其实就是这种活动在现代的转换开式。虽然人们不再通过“共食”的形式获得共同利益的平等享受与公共规则的共同坚守，但结盟交友，分享快乐的原始意义却一直保存，成为文化传承的重要途径。

人们享用祖先恩赐的胙肉与白天他们供奉给先祖的食品，其实是充满原始意味的“共食”。这些祖先和神灵不仅共存于同一个体中，“而且他们都具有人的秉性和欲望，尤其在仪式期间，那些高高在上的神已经完全被世俗化的美味佳肴所吸引和诱惑，降格为活生生的‘贪吃者’”。[①]“在许多情况下，甚至完全改变了原始主题悲剧、悲痛、悲惨、庄严、庄重、肃穆的气氛，从而成为带有喜剧性、快乐的习俗和场景。”[②]

在他们具有普通生灵一样的特质时，族人与他们通过食物的共同享用而获得另一种更为深层而微妙的对等关系，达到心照不宣的深度平等，进一步构成血脉相融且充满人性温情的共享欢愉，柔化着祖先的庄严与神圣，达到彼此更具人格化却更密切的亲情关系。

胙肉在族人中的尽情分享为祭祀活动画上一个充满欢快而满足的句号。句号中包含着通过品尝胙肉将先祖的训诫深埋心中，更包含着通过胙肉在每个家庭餐桌上和饭碗中的再分配，呈现出权力与阶层、性别与亲疏、尊卑与远近那等级清晰、天长日久习以为常却充满微妙而深远的文化与制度意蕴。

这是一种特殊的分享。

男性或女性从出生开始就被永远分割在不同的性别空间。所有女性族人都在这个男性集体活动过程中保持着集体的沉默。她们从小就获知要远离祠堂，不可参与男性在祠堂中的任何活动。在钟鼓奏鸣、前恭后

---

① 彭兆荣：《饮食人类学》，北京大学出版社，2013年，第226页。

② 彭兆荣：《饮食人类学》，北京大学出版社，2013年，第226页。

敬的活动中，人们看不到她们的脸庞、表情、身影、行为。她们只得在家中等待父亲、兄弟捧回那碗胙肉，在家中主持者的分配下分享着来自祠堂深处的先祖恩惠。

天长日久，她们深知无法改变自己与生俱来和愈发明显的身份，只能敦促着家中男性勤奋上进，协助着他们光宗耀祖，好让碗中的胙肉更多、更好。

她们是一个被制度与风俗遮蔽的巨大群体，人们无法探知她们在目睹男性家人手捧胙肉，自豪地放置在供奉祖先神位前那一瞬间的表情。人们只知道，晚饭后，她们一定会在厨房默默地洗刷着那只印着昂首翘尾鲜红公鸡的大碗。

家族已将她们无情地划分到女卑的行列，甚至是推到尽然漠视的范畴中。她们即使在家中得以享用胙肉，往往是次序的最后和份量的最轻

▼图 2-9
乡村女性在胙肉分派时成为最沉默的群体

李健明　供图

与品质的最次。

因此，在家中，一碗胙肉将家人以性别和地位为红线划为不同群类，更通过胙肉的再分配，将家人再度划分，成为他们平时在家中贡献的奖励或惩罚。

胙肉在不同的碗中的递送，折射出族权到父权、兄弟权在家庭中的权力与威严。

第三节 灯酒与婚宴

每年正月十三，陈氏族人凡上一年添丁的家庭，必到祠堂内搭建竹棚，挂油灯一盏，称“花灯”，上书“陈氏男丁某某”字样，花灯连续五天不熄。祭祖时，以烧猪一只、面果一盘、茨菇一盘敬祭祖先，默默告慰列祖列宗，族中又添新丁。拜祭完毕，在祠堂内宴请族人或邀请戏班，隆重演出，锣鼓喧天。族中颁派胙肉且加茨菇一颗。整个过程，俗称“开灯”。

如此程序完成后，小孩才有资格进入陈氏族谱中。日后分派粮食或胙肉，则按其名字支出。花灯一直挂到清明才焚烧，称“结灯”。“结灯”或称“团灯”日，父亲带新丁到祠堂请灯，祠堂必派送“壹佰文”钱作喜金，族人多珍藏一生，成为家族成员认定标识。

开灯期间，祠堂内也张挂油灯八盏，分头等灯与二等灯。若家中计划生男丁，家人则按价格高低投灯，投灯后，族人敲锣打鼓，将身披红花红带的族人引回家中，称“送灯”，喧闹非凡。

此时，祠堂成为推动和烘托陈氏族人延续子嗣的巨大文化空间。

陈氏族人结婚时，男子需披红挂花，父母双全者，身披两条红带，父母不全，则减少一条红带，新娘则身穿龙凤褂子。

长长的神台上，印有大红双喜新毛巾平铺其上，井然摆放以红色托盘装好的糕点、熟鸡、筷子、酒樽、糖果盒。新人在主持人的引导下敬点红烛，在神主位的香案前敬茶奠酒，敬告先祖，今成两姓谐好，然后三鞠躬。茶杯中需有红枣一颗，寓意早生贵子。随后，在族人目睹下焚烧元宝、纸钱。

在陈氏家族观念中，新人结婚并非两人事情，而是两个家族共同形成子嗣的延续，承载着家族不断延续生命与家族价值的责任。因此，在古代，新婚次日，夫妇需到祠堂再度拜见先祖，以告慰列祖列宗，他们将实现其延续子嗣的理想与义责。

第四节 家族管理　乡村教化

一、国家授权下的族权

清代以来，朝廷不断推出各种强化宗族制度的政策，以期搭建一个从朝廷经州府县再到乡村顺畅直达的管理体系，达到一竿子插到底的综

▲图 2–10
朝廷将制度下移到宗族，祠堂成为充满权力的空间

李健明 摄

合管理效果。康熙九年（1670 年）颁布的《上谕十六条》就明确规定宗族的作用：“敦孝悌，以重人伦；笃宗教，以昭雍睦；和乡党，以息争讼。”康熙二十八年（1689 年），又指出“族长不能教训子孙，问绞罪”，将家族子孙的训导职责以法律的形式落实到族长身上，令其在严苛的重罚威逼下不断加强对族中后辈的严厉管束，获得在萌芽状态时清除各种异端的效果。

雍正皇帝在《圣谕广训》中则提出：“凡属一家一姓，当念乃祖乃宗，宁厚毋薄，宁亲毋疏，长幼必以序相洽，尊卑必以分相联，喜则相庆以结其绸缪，戚则相怜以通其缓急。”进一步将宗族的功能落实到每个细节中，散发着浓烈的道德指引性与价值倾向性。

雍正四年（1726 年），清政府在广东、广西、福建等地推行“族正制”，令族长在政府与草根基层间具有准官方的身份，更授予其承嗣权、教化权、经济裁处权、治安查举权、族人生杀权，令其获得涵括家族实权、教育导向、经济裁决、治安保护、族内判罪等切实权力，实现着皇权支持下的部分实际性族权制度。

本来，因日积月累的威望及广泛活络的社会资源，以及刚柔并济地处理盘根错节乡村关系的特殊能力，族长一直是乡间重要的资源整合者，如今，获得政府正式授权后，他们的身份与权力更合法化与公

▼图 2-11
祠堂成为解决家族与乡村事务的首选区域
李健明　摄

开化。

忠诚履行肩上职责的他们奋力完善各种乡村管理功能，恩威并施地解决错综复杂的乡村关系，更举重若轻地调整着城乡资源，成为县衙门在乡村的事件处理代理人。

于是，一个潜规则也慢慢形成：某人犯罪，若家族惩罚，官府大多不加追究。若官府捕获，可授权家族处理。

顺德大良龙氏族谱中清晰写到：

> 族内子姓如因事争执，无论亲疏，须先将事由投诉敦厚堂，绅耆秉公排解，息事宁人，不宜遽报官厅，以敦亲睦。若未经投诉请理处，遽行起诉，显乖亲谊，宜将该原告罚本身丁贤寿胙三年，以为蔑视族例，呈刁好讼者戒。如系妇人有违此例出头遽然起诉，亦将其子孙照议罚胙。惟经投诉请族内投诉处不服起诉者，不在此例。

族规将族内矛盾的处理程序清晰表述，更阐明族人突破规限所要承受的惩罚，也表明家族处理矛盾与纷争的资格和权力与衙门隐隐相埒，更具有内部消化、融睦亲情的特殊效用，这比刚硬无私的衙门处置方式更多地呈现出淡淡亲情。他们将朝廷的政治理念、管理制度、处理模式，通过流淌着家族温情的族规家法等形式进行有效结合，彼此都获得事半功倍的治理效果，进一步减轻行政部门的管理负担和行政成本，更在早期就彻底消弭朝廷在日后积瘫大溃、燎原之势才调兵遣将的隐患。彼此共赢，相得益彰。

二、祠堂的公共效用

（一）祠堂为最高权力机构

作为家族成员共同出资搭建的公共平台，更因族长的国家授权而获得乡人一致的信赖与推崇，祠堂成为族人公认最公正的道德审判平台与

▲图 2–12
祠堂成为家族的最高权力空间
李健明　摄

最高的家族权力机构。其威严的牌匾背后，融合着先祖灵魂神力、朝廷法律威力、家族审判权力、族中道德压力、自我深刻反思等多重功用。

因此，人们在中堂跪拜先祖、在寝堂独对先人时，内心升腾起的不仅有对列祖列宗的崇敬，更有对朝廷法律与家族规则的敬畏。而祠堂作为朝廷政令发布，家族规范公布与各种措施推行的巨大空间，逐渐成为朝廷管理乡村政治、经济、文化、教育、信仰的有益补充与得力辅助的建筑实体。

正是朝廷给予宗族主持者清晰的司法权，族长通过祠堂这一神圣空间去完成先祖祭祀、家族引导、子弟指引、家法整治、驱逐忤逆、处罚邪恶等重大事宜，更因其有法可依，有章可循，自然构成一个庞大繁复却无处不在的法律网络，成为稳定乡村基层秩序的有效平台。

祠堂作为法律与族中例规实施与推广的始发地，具有重要的实用价值与符号意义。族中首领通过以祠堂为核心的人力资源聚合与调整，有效舒缓县衙门因人手不足而头绪难缕的困境，不断降低因处理乡间纷繁复杂事务所造成的管理成本，成为基层管理机构的得力助手，而乡间的伦理纲常也通过祠堂的整合与推动有效地强化着宗族的团结，更不断推动宗族力量的壮大。

因此，族中首领在重要的节令，通过祠堂这个神圣空间，将祖训、族规、家法等条款在融合三纲五常与忠孝悌信后，清晰提出敬宗崇祖、和睦夫妇、亲兄友弟、戒淫去懒、勤俭节约、慈怀善德、远离邪恶等细致条款，在乡间得到最有效的细化与落实。

（二）陈氏祖训解读

沙滘陈氏家族的祖训如下：

明明我祖，汉史流芳；训子及孙，悉本义方。仰绎斯旨，更加推祥；
曰诸裔孙，听我训章。读书为重，次即农商；取之有道，工贾何妨。
克勤克俭，毋怠毋荒，孝友睦姻，六行皆臧。礼义廉耻，四维毕张；
处于家也，可表可访。仕于朝也，为忠为良；神则佑汝，汝福绵长。
倘背祖训，暴弃疏狂；轻则礼法，乖舛伦堂。贻羞宗祖，得罪彼苍；
神则殃汝，汝必不昌。最可恨者，分类相戕；不念同气，偏论导乡。
手足干戈，我心忧伤；原我族姓，怡怡雁行。通以血脉，泯厥界疆；
汝归和睦，神亦安康。引而亲之，岁岁登堂；同底于善，勉哉勿忘。

从祖训中，我们可知陈氏族人对自身正宗源流的强调，以确认族人血统的纯粹高贵与功业卓越的光辉历史。对子孙后辈，读书、农商、工贾，三个谋生求道途径的推崇虽有主次，但取之有道无疑是陈氏族人为人处世的标准。于此，也可见出农商经济环境下人们切实而直观的价值目标。

同时，勤俭节约、融睦亲友、礼义廉耻，构成他们的精神经纬。特

▲图 2-13
壁画是家族文化概念保存和传承的特殊载体

李健明　摄

别是立于朝廷，为一代忠良，不仅成为族中骄傲，更获得先灵保佑，这是家族祠堂的精神效用。

祖训中大幅篇章论及违背祖孙，作奸犯科，手足相残，败坏风气，令先祖忧戚无措，可见当时社会风气的日颓与族中长老的深切忧虑。因此，对亲情的重视与族人的互相关爱成为陈氏家族的重要精神维系纽带。这是在面对外间各种思潮的冲击时，内心不再宁静的人们唯一能抱团抗御的精神力量。

祖训中反复强调神明对人们的福佑与惩罚，形成无形的精神力量。它在不断勉励与规范着族中子孙遵守道德的指引，继续向前。

祖训的核心词为义、道、勤、俭、忠、良、善。义与道为天下人追求的道德标准；忠与良为报效国家朝廷的基本准则；善是对待万物的最佳方式；勤、俭为平时生活劳作的要求。

族人若能满足这些要求，则上可造福社会，保家卫国，青史留名；下可自我完善，持家结友，为一代完人。由此足见族中长辈对自身与后辈的厚望。

（三）祠堂是张扬道德的有效平台

陈氏族人将族中德醇品高者与高中金榜者、为官一方者、长寿老人一道列入族谱，以此褒扬他们的道德品行，清晰折射出即使位卑业贱，只要和睦乡里，为善积德，都可与豪门大族者一并名留青史。这一道德指引与价值取向，屡屡在春秋大祭中高调宣扬，隐隐延续着儒家对“仁”的追求与推崇。

如族谱记载，新大屋的主人本为日体公，但他病久体衰，需卖地调养。衡斋公平时织丝为业，“成绒一匹，得值十余两”。某天，日体公前来卖地，售价十二两，衡斋公深怜其病，不忍讨价还价，于是照价买入，更暗中增加一两以作襄助，日体公大为感动，告诉衡斋公，此地东北角有地数尺本属契约中地段，可在此设立机器，经营缫丝，下有清晰界石作证，衡斋公觉得无需计较区区小事，从未使用，后族人得知，无不称颂其德。族谱入录此事，令其德行得以流传。

陈源体，与兄弟同在敦和里从事丝织制造，后兄长去世，他与侄子继续旧业。子侄成家立业后，陈源体就在坊中开设“大益杂货店”，父子同力，苦心经营。后关闭货店，闲居家中，诸子共养，衣食无忧。陈源体热心乡事，急人所难，奋不顾身，深得推崇。后来，他得见祖祠颓残日废，于是与儿子倡建重修。

这些本是点滴琐屑的乡间小事，族人却郑重其事地载入族谱，成为人们效仿与超越的道德模范，也令整个家族朝着高义崇德的方向挺进。

此外，祠堂作为执行朝廷法令的族中最高机关，族中德高望重者在经过族议后对作奸犯科者处以当众训斥或鞭笞等惩罚，尤其是会杖制度，受罚者在亲人、族人，更在历代先祖神灵前承受鞭笞，这对个人、家庭、家族都是沉重打击，但正是这些严厉的惩治措施，对心怀邪念者起到无处不在的震慑作用。

平时，族中长老常在祠堂内相聚议事，从防洪建堤、疏浚河道、建筑厂房、买卖土地、族人受欺到两族纷争、男孩过继、家庭矛盾，无不事必亲躬，分丝拂缕。他们的决议在祠堂公布后，成为族中法令。人们在执行与推进中，实则在先祖神灵、朝廷法令、族中长老、宗族亲人、家庭成员五个层次的道德审视中落实与完成，而从朝廷、衙门、大宗祠、家庙再到家中先祖一气呵成那无远弗届，融合神权、政权、族权、父权、夫权合力的约束与推动，构成深具促进效果与监督作用的家族文化与实用途径，族人更在这个封闭且严密的长效法律与道德系统中，通过对模范人物的追随与超越，不断完善这个独具家族特色又充满普遍意义的文化体系。

第五节

教育功能　延续百年

一、光宗耀祖　名留青史

顺德大多家族在建造祠堂的同时都在祠旁设私塾，或直接在衬祠延请名师，启蒙族童。家族祠堂的设立，不仅是慎终追远，更是光宗耀祖、延续辉煌有效而显著的行为。培育后辈，科名得中，一举成名天下知。

族中对家族成员读书和取得功名的奖励资金清晰具体，如杏坛昌教《黎氏族谱》就写到：“童生应试卷资五两七钱六分。”童生就是没有考上秀才的读书人。“廪生花红银十两。”廪生就是参加岁考并考上一等的秀才。“考生中式花红二十两。解元加十两。”就是考中举人可得二十两白银，考第一名获三十两白银。“会试京行五十两。进士花红一百两。会元加三十两。进士殿试朝考卷资钱五十两。榜眼、探花花红二百两。三元花红一千两。”可谓倾资尽产，不遗余力。黎氏族人也不负众望，清代，黎氏子孙走出光禄寺卿黎兆棠，陕西学政黎荣翰，举人黎超民、黎思劝、黎诞登、黎青选、黎讷、黎应南、黎如璋、黎宗葆、黎国康、黎昌禧，武举人黎祺及诗人黎原超、书法家黎庆恩、著名词人黎国廉、国画名家黎葛民。可谓一门书香，令人惊佩。

昔日族人高中秀才、举人、进士、三甲后，首先必到祠堂祭祀先祖，感恩庇佑，然后用朝廷奖赏的白银在祠堂前设立旗杆石，树起旗杆，注明年份名次姓名，成为族中永久的荣光。从此，家庭门楣有光，名垂史册。

当年无数童生也是突出重围，才能考到秀才。得中秀才后，可免除部分税赋，免纳公粮，可养婢女蓄妾，见县官毋须下跪，更可端坐族中宴席重要位置，而举人、进士或得受官职者，家庭可免除徭役，整个家族也享受其优惠，更可获特殊教育资源。

官员退休后，其长辈或子孙可获得相应官职，令子孙对先祖更心怀感恩。

▲图 2-14
书舍、家塾是承传家族文化的重要空间
李健明 摄

陈氏家族的陈泰虽为捐官，但他的祖父、父亲、儿子都获得袭荫，也是这一优惠所得。

因此，每个家族都全力以赴地敦促族人后辈青灯苦读，金榜题名，以求春风得意，光宗耀祖。

二、从家族私塾到乡村学校

早年，沙滘有东村的竞秀学校、裕坤学校，南村的崇文学校，北村的明义学校，西村的育才学校、敦厚学校、三育学校等七所学校。1947年沙滘合并此七校，创办“沙良乡第二中心国民学校”。陈氏族人便以宗祠作校舍，新中国成立后改为中学礼堂，后又成为沙滘中学体育部和厨房，中堂改为沙滘中心小学礼堂；前座设立小型图书馆和少年先锋队大队部；两侧衬祠用作课室，门前大片地堂成为学校的操场和升旗处。1958年，中学部第一批初中生毕业，学校正式更名为“沙滘中学”。李鸣皋在《顺德文史》中回忆，“我1959年来到时，宗祠已改作中、小学校舍，后座已撤去牌位作中学礼堂，中座作小学礼堂，前座有小图书馆和少年队大队部，门前广场是小学早操和升旗地方，其他作教室，成为教育基地。女孩子可以入祠上学，不再受限制。”

“中学部1958年输出第一届初中毕业生后，正式命名为‘沙滘中学’。六十年代后座大堂功能多变：革命老人西海陈九叔在此讲西海大捷振奋人心；广深线包乘二组讲拒腐蚀；师生自导自演粤剧‘党的女儿’……1972年复课闹革命，之后校舍才基本复原。”

20世纪60年代，祠堂后座用作学校排演粤剧的大舞台、各种运动的聚集地，但因是族人珍贵遗产，人们仍刻意保存校舍及其结构的完整性，没遭到大规模损坏。1964年和1974年，两次强烈台风将前座屋脊和瓦面吹毁。1997年结束其教学历史。

乐从沙滘陈氏族人基本上都是在这座古老的祠堂里启蒙读书，索

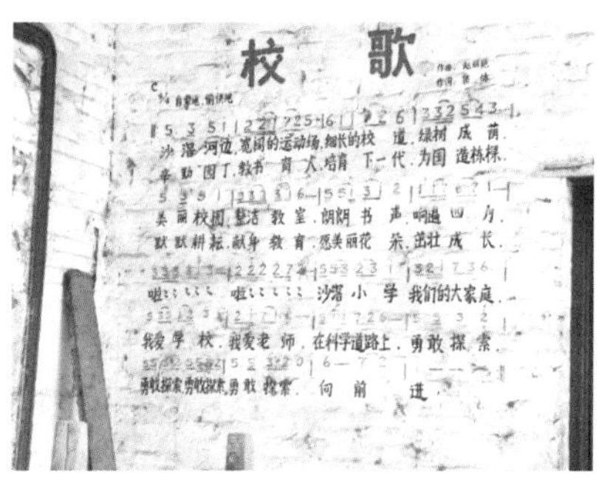

▲图 2-15
沙滘中学当年面貌
冯海棉 摄

▲图 2–16
当年沙滘小学学生
陈洁莹　供图

理求道，对这座祠堂的花木雕塑都稔熟于胸。这座古老祠堂存留着陈氏族人少年求学时代最美好的记忆，也延续着他们喜读书、多功名、好慈善、爱家国的悠久传统。

古老的祠堂在历史的更替中也顺理成章地发挥出不同的功能，为人们读书索理、聚集开会、演出活动提供着独一无二的空间，也因其独有价值，才得以大致保存着昔日的结构与风貌，历经一百多年的风雨仍屹立不倒，成为当代顺德的文化瑰宝。

▲图 2-17
20 世纪 80 年代学校教师留影

陈洁莹　供图

三、当代修缮

经历百年风雨的陈氏大宗祠出现地基基础、主体结构及构造与装饰装修等不同区域的剥落残损，令其安全性与实用性受到严重威胁。

2008 年 9 月，顺德区政府、乐从镇政府、陈氏族人共同出资，以一期、二期、三期的程序开展修复工程，同时，根据陈氏大宗祠面积广阔、工艺精湛、布局清晰等特点，按头进、二进、三进的次序推进修复工程。

陈氏大宗祠修缮启动仪式当天，危地马拉华侨总会副会长陈璧洪组织同乡专程前来见证这一历史时刻，还动员乡亲捐款助建。

根据《中国文化报》报道，“本次修缮工程应用了古建筑定向静压注浆处理地基成套技术，满足了文物古建筑地基处理的特殊要求，有效

▲图 2-18
陈氏族人在商讨修缮细节
冯海棉 摄

▲图 2-19
专家与族人反复讨论修缮细节
冯海棉 摄

解决了古建筑地基下沉导致墙体变形倾斜的安全隐患。技术成果获 2013 年全国建筑装饰行业科技创新成果奖。”

此外，据《中国文化报》介绍，此项工程采用古建筑变形墙体保护修复技术，无需拆除旧墙体，彻底解决墙体倾斜、扭曲、鼓胀等问题，令墙体及其装饰构件和图案保存完好，走出大拆大卸、古貌荡然无存的传统弊端。

修缮过程充分保存传统工艺与建筑材料，并不断融入现代技术。对褪色、残损、风化、剥落的灰塑艺术构件进行有效的清洗、排盐、修补、矿物颜料上色等修复工程，最大限度地保存与恢复这些古老而精致的装饰艺术原貌，令人目睹装饰一新的灰塑仍觉古风扑面。

▲图 2-20 精心修缮

冯海棉 摄

同时，对门堂、中堂、后堂、衬垫、青云巷等单体建筑进行全面的揭顶重铺，彻底解决屋瓦下滑与开裂、屋顶漏雨与透光等老旧问题。

此外，对宗祠历次修缮中不符合古建筑形制的墙体、构件、装饰力求清除，令其恢复历史原状，并以传统手法对破损地面进行修复，保持百年前那平整古朴的风貌。此外，更对祠堂四周环境进行清洁修整，令这座古老祠堂再度获得宁静、整洁、幽清、开阔的环境。

2017 年 4 月 18 日，第三届全国优秀文物维修工程经验交流推介会在河北省曲阳县举办，乐从陈氏大宗祠与上海四行仓库、重庆大足石刻千手观音造像、湖南通道坪坦风雨桥群等十个项目获评“第三届全国优秀文物维修工程”奖项，成为广东此届唯一一个获奖项目，可以见出当时推进项目时政府、专业队伍、乡人的认真、谨慎以及对历史负责的态度与精神。

历经百年风雨的陈氏大宗祠，继续其新时代的文化使命。

▼图 2–21
精致的修缮令陈家祠重焕夺目姿彩
冯海棉　摄

第三章

宗祠建筑文化内涵

陈氏大宗祠融合晚清岭南祠堂建筑艺术精华，手工巧美，出神入化，成为顺德面积最大的精良工艺集大成者，也是研究岭南地区祠堂建筑文化、工艺制作特色、风俗习惯及风土人情的重要区域。

第一节 门前建筑

进入祠堂前，泮池、地堂、旗杆、门堂等组合构成清晰有序的前奏性建筑，为进入祠堂做出充分的文化与心理准备。

一、朝向选择

陈氏大宗祠坐西南向东北，广三路，中路五间三进，总面宽45.8米，中路面宽25.2米，总进深76.5米，占地约4000平方米。中路面宽约占总面宽的一半以上。

陈氏大宗祠朝向的选择体现出顺德人对规制与自然需求相融合的特性。

顺德传统建筑的理想方位是地处山坡南侧，面对水流北边，形成回环互抱、避风取阳的地理格局。同时，结构最完美者是东低西高、前低后高，以适应顺德的漫长夏日，达到畅风劲吹、消暑降温的建筑效果及冬天高墙挡风、保温存气的设计意图。不过，在河汊纵横、村道弯曲、小山散落、道路碎屑的实际地理环境中，传统的乾坤阴阳位置难以精确对应具体的地理环境，更无法满足人们微妙深远的实际需求。因此，人们多以堪舆先生的指引与族人的合议商定建筑方位。

在顺德历代祠堂建筑中，坐南朝北者最多，其次为坐西朝东者，最少为坐东南向西北者，可以见出顺德人对传统规制的尊崇与对实际需求的满足。

坐西南向东北的陈氏大宗祠，冬天需承受凛冽寒风，夏日难以享受徐徐熏风。尽管如此，陈氏族人更愿意让祠堂面对百米以外的奔腾小河。它在给予族人奔腾生命意象的同时，更为日后的水上运输与生产发展奠定举足轻重的基础，折射出陈氏族人不囿陈例，将天人合一的理想落实到切实的建筑方位布局中的实用主义色彩，以及将地理优势与日后精进奋发，光宗耀祖的切实行为融为一体的务实精神。

陈氏族人自我期许能以经济实力，且以社会贡献成功走出传统建筑例规造成的心理阴影与文化负担，更以百年繁盛的子孙与迭出的英才反证传统规则的局限，从而印证走出传统束缚后人们更广阔的人生空间与更明媚的生命碧空。

陈氏族人在此后百多年龙翥凤舞的精彩历史，最终体现和实现着当初族人的深谋与愿望。

▼图 3-1
祠堂朝向的选择折射出家族对文化的独特理解

李健明　摄

二、进深开间与规制

陈氏大宗祠以中轴线对称展开地堂、门堂、前庭、月台、中堂、后堂，再由两侧青云巷对称延伸引出东、西衬祠，继续对称延伸出相对低矮的厢房与廊庑，构成“三路三进五开间”庞大而严密的格局。

在传统文化概念中，祠堂作为祭祀先人及族中子孙聚会议事的公共空间，建筑结构需以单数为元素进行组合。因此，陈氏大宗祠的建筑结构俱以阳数构成。

门堂为祠堂序列的正式开始。一般祠堂门堂分三种，前有檐柱者为门堂式，等级高贵；无檐柱者、心间大门向内凹进者为凹肚式，等级略低；门堂前檐无柱，大门与门堂两次间正面墙体平齐，为平门式，形制与等级更低。前庭是从门堂到中堂间开阔平整的空间。中堂为议事、集会的厅堂，为家族最重要的公共空间。后堂为安放历代神主处，为家族最神圣空间。

路的数量构成祠堂面阔大小。进的数量构成祠堂的深度。

所谓“路”是指“一座祠堂内沿一条纵深轴线分布而成的建筑与庭院序列。”[1]所谓“进”是指主体建筑与面阔方向平行的单体建筑。祠堂一般都是前、中、后三座主体建筑，这三座建筑就按次序称“第一进”“第二进”“第三进”。“进”本意是指人走进这座建筑到走出这座建筑的过程，后泛指祠堂内等拥有覆盖性结构的建筑。

清代规定亲王、郡王为七开间；贝勒、贝子为五开间；一品官员家庙为五开间；四品到七品家庙为三开间；八、九品为三开间。普通民众只好选择三开间祠堂形制。

因此，顺德祠堂大多选择规范、低调、稳妥的一路三进三开间门堂

---

① 冯江：《祖先之翼——明清广州府的开垦、聚族而居与宗族祠堂的衍变》，中国建筑工业出版社，2010年，第153页。

▲图 3-2

陈氏大宗祠三进深五开间，体现规范的建筑制度

冯海棉　摄

式祠堂，如乐从沙边何氏大宗祠就是内敛规范的一路三进三开间祠堂。但气势磅礴、三路三进五开间的陈氏大宗祠，体现着家族虽拥有雄厚的财力与广泛的社会资源，且融合西方文化与传统观念和现有制度，但制度的规限是不可逾越的底线。

三、青云巷

大多数上规模的祠堂两侧都有左右两条青云巷。青云巷因随祠堂建筑地势缓缓升高，暗喻“步步高升、青云直上”，故有此称。青云巷的作用是阻隔火灾蔓延到其他建筑，又称“火巷”。青云巷下面为祠堂主要的排水渠道，也是引凉风入祠堂的主要通道，也称“冷巷”。陈氏大宗祠的青云巷将清风引入前庭，与前庭连接，构成主次分明的建筑等级，青云巷又将庑廊、前庭、门堂、中堂缓缓接通，构成四通八达、通风透气的建筑网络。

顺德祠堂的青云巷开端处设廊门一对，门额大多雕以“腾蛟”“风起”等题名。每天，族中后辈入祠堂读书，他们从左侧的“礼门”进入，从“义路”退出，完成“礼”“义”熏陶，寓意深远。

陈氏大宗祠的青云巷名为“起凤”“蹈和”。“起凤”源自唐代王勃《滕王阁序》:“腾蛟起凤，孟学士之词宗；紫电青霜，王将军之武库”，意谓凤凰起伏。“蹈和”源自汉代焦赣《易林蛊之兑》:“含和履中，国无灾殃”；汉代刘向《说苑修文》:“彼舜以匹夫，积正合仁，履中行善，而卒以兴”，意谓恰如其分，微妙精准。这是陈氏家族为人处世的标准，更期待后辈子孙严循坚守。

▶图 3-3
“起凤”石匾
李健明　摄

▶图 3-4
“蹈和”石匾
李健明　摄

青云巷寓意深远，陈氏子孙每天通过充满道义色彩的小巷进入家塾，刻苦攻读。远处先祖的寝堂与近处辉煌的中堂形成强大而无处不在的精神力量，激励他们读书索理，青出于蓝。

四、泮池与小河

顺德人建造祠堂时，多在前面挖圆形池塘，称“泮池”。泮池源于学宫，它位于学宫正前方，为半圆水池，又称“泮宫”。天子建学宫于太学，称“辟雍”。因其四面环水，寓意教化流播四方。诸侯建学宫时，建半圆水池，意即仅为天子一半，故称“泮宫”。民间泮池实则将学宫观念引入祠堂结构中，期待子弟日后能得入泮宫，寒窗苦读，折桂踏鳌，光宗耀祖。同时，泮池寓意积水聚财，可令家族积财渐富，名播一方，更可应急救火。从景观上看，大片水面构成更开阔宏大、舒畅淋漓的视觉空间。倒影中的祠堂明净安宁，如水中宫殿，蓄养着飞跃龙门的后起之秀。

陈氏大宗祠没有挖掘泮池。因为，在平整广阔的地堂边，一条小河横贯流过。陈氏族人悉心存留原来的地理结构，更将这条河流的汩汩活水化作陈氏家族的天赐资源。活态的流水不仅折射出陈氏宗族的源远流长，正中高贵，且预示着子孙瓜瓞绵绵，兰桂腾芳。流动的河水，来自四面八方，澎湃激扬，更彰显着与泮池那静态缓慢的传统财富积累相异的增长模式。满溢干枯不定的河水，也提醒着族辈人生事业与财富浮华的起伏盛衰，升降沉浮。恒久不息的流水，似在荡涤着新世纪中西文化冲击下不合时宜的文化认知与传统的经济模式，成为一道不断流进身心的精神长河。卷起的浪花，击溅出新时代的构想、行动、产业、人才和思想，冲击着一千年来从未改变的“柴门临水稻花香”的农耕格局与“脱得蓝袍换白袍”的传统模式，激励着他们在全新的人生道路中不断向前探索。

▲图 3—5
祠前河流暗喻着生命的不息与人生的沉浮，以及绵绵不断的家族承传

冯海棉　摄

于是，他们常常来到水边，登舟划桨，游弋远方。

一脉不息的活水，经朝夕往返的一叶小舟，将静态的祠堂与外间活跃的世界与族人的劳作隐隐连接，更将陈氏族人的生命价值和人生境地从一年四季循环有序的农耕轻轻带出，引进充满活力与生机的广袤大地与新时代的最深处，形成与传统“自种自收还自足，不知尧舜是我君”意趣相异的价值取向与人生追求。因此，源头活水与一叶小舟构成陈氏族人灵动奋进、不囿于成的文化特性。

五、开阔的地堂

祠堂前平整开阔的大广场，乡人称“地堂”。平时可供族人晒晾农作物，喜庆节日可聚族大排宴席。

传统佳日或农闲时分，族中必请戏班在大地堂上登台献艺，娱神怡人。陈氏族人，特别是女性与小孩，就是在每年为数不多的大戏中了解历史、传说，获得忠奸、悲喜、正邪的知识与积累。他们从戏剧人物的曲折故事中逐渐形成对历史的认知与对人性的判断。戏剧中悲欢离合的情节、温情淡远的结构，启发出他们对世事充满善意的各种解读，构成与学堂、衙门、史册、官样文章相映成趣且并行共进的民间文化，指引着他们剖析当代的境况与走向未来的人生。因此，这是顺德乡村重要的文化传播空间，也是令大多数陈氏族人着迷的娱乐场所。

地堂作为晒谷场充分体现人们一物多用、高效节能的建筑观念。族中喜庆活动大排宴席也都在这里举行。人们在觥筹交错、把臂相扶中商讨着各种产业的合作计划，更在推杯换盏中完成来年的各种耕作协商与

▼图 3-6
开阔的地堂融合晒谷、聚会、宴席、演戏等功能
李健明　摄

产业合作。平整的地堂目睹着连场大戏的高潮迭起与宴席的曲终人散，以及漫长而沉闷的劳作季节进入尾声。

陈氏族人在满捧秋收的喜悦中静待重阳、立冬、冬至、腊月、除夕的纷至沓来，而展示陈氏历代先贤高中科举的旗杆夹和旗幡，不仅将开阔的平面视野引向高耸的碧空，形成多层次的视觉与文化空间，更在族人仰头凝视的同时升腾起青出于蓝、兰桂腾芳的崇高感与自励自勉力量，而飘动的旗幡与宏峻的祠堂刚柔并融，构成阴阳互补、难以尽描的文化意蕴。

第二节 门 堂

门堂为祠堂序列的正式开始，也是导入祠堂内部的仪式性建筑。陈氏大宗祠以前檐柱、塾台、塾间、挡中、后檐柱构成门堂式结构。

一、檐柱与纵架

门堂前，六根花岗岩方形前檐柱秀挺舒朗，支撑着飘出的前檐，为沉雄宏大的主体建筑增添一股轻盈灵动气息。与明代和清代早期壮硕沉实的木柱或石柱不同，愈发高超的工艺令前檐柱更多带有装饰色彩，折射出工匠的技术自信及生活艺术化的时代特征。

明代中后期与清代早期，祠堂的木檐柱往往因风雨的侵蚀而损毁，人们用不同纹路的柱櫍、柱础对接柱身，避免水流或水汽直接渗入。

▲图 3–7
轻盈的檐柱折射出举重若轻的工艺
李健明　摄

石质材料的使用，辟除这些隐患，也令檐柱在历次大洪水过后仍坚固如初，陈氏族人的先见之明于细微处落实无遗。

前檐柱下面方形柱础和柱础硬秀坚硕，保持着与柱身修长劲秀外观的视觉一致性与功能的完整性。

覆盆式础座正面雕刻着蝙蝠祥云，散发着沉稳、淡定、自信、吉祥等令人欣悦的气息。

四根前檐柱间，次间分别构以石虾弓梁石金花隔架，梢间构以石虾弓梁石金狮子隔架，为典型的晚清珠三角隔架结构。纵架经历过昔日木材到后来石料的漫长演变过程。因此，清代早期仍存留木材纵架浑圆笔直的本原痕迹，清代中后期渐渐形成棱角分明的方形石柱。

金花源于佛山剪纸艺术。昔日人们在家中神明画像两侧都插“金花”一对，工艺复杂，构造多变，每个细节都寄托着人们的吉祥祈祷，后流行各乡。

人们将这种工艺繁复精巧的传统艺术转化为精美通透的石雕，放置纵架上，将祈祷祝福与门窗装饰的双重效用转入门堂构建中，与孔武有力、威武雄猛的狮子前后呼应，不仅起到承托与释放重量的作用，更以狮子的活泼与金花的沉静形成动静相应的二元结构，为沉雄庄重的门堂增添几分来自民间的亲切感与来自动物界的灵动感。尤其是狮子所代表的权势与官威，子嗣与金花所蕴含的宁静、吉祥、生命，将其精神追求与世俗实用的双重效用展现无遗。

▲图 3-8
金花与狮子石雕融为一体，充满震慑不祥与迎纳贞吉的寓意，更承托着檐板与瓦面的重量

李健明　摄

二、含义丰富的塾台

塾台为历史悠久的建筑形制。塾台源于“塾”，“塾”由“孰”与“土”构成。“孰”本意为“享用成熟的瓜果”。“土”指“地方”。“孰”“土”合指“享用新熟瓜果处”，后转义为“宫门侧之堂”。

古代二十五家为闾，一闾人共处一巷，巷口有门一道，门边有侧堂，此侧堂为“塾”。民众朝夕出入，在塾中接受教育。于是，“塾”字始有教学含义。后来，大多数家族或家庭都设塾于家、族内或村中，称“家塾”“族塾”“村塾”。“私塾”二字为现代用语，以区别官立或共同学堂。陈氏家族将家塾移入祠堂中，构成完整的祭祀与教化功能。

►图 3-9
陈氏大宗祠前后四个塾台，隐隐承传着古老的建筑形制，让人触摸到几乎从未中断的文明脉络

李健明　摄

塾台分内塾与外塾，一门前后四塾台，为古代高等级形制。一门有前面两塾为大夫士绅级别，乡间民众无此资格。

南迁珠三角的中原大家族将这种古老的殿堂形制悉心保留，更在明代转化为乡间祠堂等级的重要标志，既是对自身高贵正中血统的彰显，也是向主流文化靠拢的清晰表达。正是他们的坚守与传承，中原逐渐消失的古老建筑形制完好保存在珠三角乡间，令文化脉络得以绵绵延续。

后来，他们将塾台功能再度进行区分：内塾台用作宾客休息交流处，前塾台用作大型活动中恭迎宾客时高唱来宾名字的礼台，后多用作大型活动的演奏戏台。因此，乡间也称塾台作“鼓台”。它为族人和乡邻提供多层次的生活娱乐空间。塾台多功能的开发，折射出乡间祠堂从庄严肃穆的殿堂形式拓展出适合民众需求的现实功能，实现着从庙堂到世俗的自然轻松转换。

陈氏大宗祠一门四塾的结构严格沿袭古代的高级形制，在清代顺德祠堂中所见不多。明代一门四塾台则有建于明万历十三年（1585 年）的陈村仙涌朱氏始祖祠等，足见陈氏族人的自信。

三、大门的古老形制

陈氏大宗祠大门由上下两部分构成。平时上门不开，只开下门。下门高不及人。人们进门需躬身跨过下门，在弯腰迈腿的瞬间，实则已向深居寝堂的历代祖先鞠躬敬礼，所谓“入敬”。高高的门槛，人们需谨慎抬腿跨越，暗喻此处门第高，不易进出。只有在重大节日或迎接重要宾客时，大门才上下全然打开，以此彰显祠堂的尊贵与威严。

陈氏大宗祠大门以大块柚木制成，沉厚结实。古人以木头制作源于他们的古老想法：树木虽切割为各种形态的木头，但生命从未消退。它们化作大门、梁柱、窗户，与建筑主人一起缓缓渡过漫长岁月，主人也能从它们身上获得来自大地最深处不息的生命力，形成最深度的互动与

▶图 3-10
上下两段构成的祠堂大门，严格遵循古老形制，让宾客出恭入敬，进退有度

李健明 摄

▶图 3-11
古朴苍拙的“陈氏大宗祠”门匾，红底金字，富丽堂皇

李健明 摄

切实细微、无处不在的天人合一。

木材损耗时间约为三十年，大约一代人更换或修补一次木料，隐隐对应彼此同步的生命。人们在新旧融合的木材中继续获取来自大山幽微处澎湃而绵长的生命力，形成更深切且无法割舍的生命互动。

因此，当人们打开隆隆微响的大门时，轻轻唤醒沉睡的记忆。人们在踏步走进祠堂时，一切熟悉的场景与气息扑面而来，往往令人感触连连。

祠堂对联大多自述来源，张扬功德，如均安上村李氏大宗祠的“勋业西平望，文章北海风”，踔厉风发，英气逼人，自豪叙说陇西李氏家族的辉煌历史与唐朝大书法家李邕的文采风流。陈氏大宗祠对联质朴沉实，只叙述源于河南颍水，定居乐从沙滘的历史，不作渲染，反映出族人低调务实的内在精神。

◀图 3-12
大门对联透露出
陈氏家族的来源

李健明　摄

四、源远流长的石鼓

大门两旁的巨大石鼓平整浑圆，顶端各雕精致狮子头一个。

石鼓源自古代战将得胜回衙门后，战鼓放置门口的习俗。天长日久，化作石鼓。在古代，大鼓具震慑邪恶，迎祥纳吉含义，更因鼓源于战争，圆型石鼓多安置于武将家门，文官则安方形石鼓。此后，石鼓形状与类别逐渐细分：皇族为狮子型石鼓，高级将领以抱鼓形狮子抱鼓石，一般武将为兽头抱鼓石，高级文官为箱形狮子抱鼓石，低级官员以箱形雕饰抱鼓石，大户人家为箱形无雕饰抱鼓石，普通民宅为石质门墩或枕石。因此，人们远远看去就知道大宅的品位等级。

“石鼓”为民间称呼，古称“门当”，它与门簪、门槛、门扇、门

▼图 3-13
浑圆的石鼓成为陈氏大宗祠的重要标志

李健明　摄

框构成一个完整体系，形成纳福迎祥、辟邪镇恶、揖让雍容、进退有度的大宅风范。

陈氏大宗祠的石鼓沿用珠三角一带广泛采用的形制，只是其硕大平整，罕见其匹。石鼓两侧雕饰以鼓钉，上面繁缛的雕饰与浑圆的形状早已脱离传统的文武规制，更多展现普通民众的吉祥期盼与大家族的经济实力。

承托陈氏大宗祠大门转轴的须弥座枕石，左侧束腰处精雕凤凰、麒麟、蝙蝠、灵芝等瑞兽祥草，右侧束腰为三头狮子、一只凤凰和一支灵芝。

▲图 3-14
石鼓上雕刻的狮子暗含官高权重，子孙连绵
李健明　摄

凤凰蝙蝠的吉祥如意，麒麟的喜送子嗣，灵芝的福寿连绵，令人心悦神畅。

狮子除镇邪压恶、保宅安家外，因读音与“师”相近，寓意家族能走出太师[①]、少师[②]等影响朝廷命脉的清贵高官。因此，祠堂常有狮子雕饰或画像。

同时，“狮”与“嗣”“息”音近，寓意子息连绵，威武雄猛。祠堂或重要建筑前常见大小狮子形象。

狮子为祠堂重要震邪神兽，一般左雄右雌，暗喻权力等级的

① 古代称太师、太傅、太保为“三师”，秦汉以后，多为尊称。

② 古代设太子太师、太子太傅、太子太保三个职位。太子太师教文，太子太傅授武，太子太保负责太子安全，称“少三师”。

东西分布，阴阳平衡。雄狮脚踏石球，爪锐毛卷，不怒自威，暗喻族权在握，凛然难犯。雌狮幼狮嬉戏玩耍，一派舒闲，暗喻子嗣昌盛，好事不断。

陈氏大宗祠门前没设雄朴威猛的狮子，源于当时对面的吴姓族人。吴姓族人建议不安狮子，以免不利于族。于是陈氏族人将狮子置放祠堂脊梁上，避开正面对冲，让狮子眺望远望，镇守门宅。

►图 3–15
杏坛右滩黄氏大宗祠的石狮子
李健明　摄

在古代建筑中，与门当对称的建筑为“户对”。户对多为短小圆形木柱。它们如女子头上发簪，轻盈飘逸，为厚重的大门增添灵动气息，故民间亦称“门簪”。古时三品以下有门簪两个，三品有四个，二品六个，一品八个，皇帝九个。门簪文官圆柱型，武官方形，门簪大小与品位对应。喜庆时，可悬挂灯笼。后来，门簪长度慢慢缩小，尤其在珠三角一带，基本成为印章状装饰。陈氏大宗祠大门上方，有印章状门簪两枚，上刻“福”“富”二字，微凸门楣，如印金两方，富贵精雅，成为大门到宗祠匾额精美而端庄的过渡。

昔日岁月，媒人远远看到大门上的门簪，就知户中人家的官品与文武，成为她们说媒的重要信息，这门当与户对，后演绎为家庭地位身份对等的含义。

▲图 3-16
陈氏大宗祠大门上的一道门簪，古称“户对”

李健明　摄

五、沉默的铺首

大门上的一对门环，古称“铺首”。大多源自先秦时期的饕餮纹，其源头来自 5000 多年前的良渚文化，后在商代形成“铺首衔环”的形制，构成最早的巫师与神灵沟通的用具。陈氏大宗祠铺首为龙子椒图，它们警惕敏锐、不善于言，适于守门把关，后来人们将椒图与铺首含义融为一体。

椒图构成的门环在吞噬不祥和吸纳贞吉的同时，实则也在吞吐进入大门的族人。在神话意象中，祠堂深具神圣力量。人们在铺首的注视下进入祠堂，实已进入由铺首与祠堂构成的神圣躯体中。人们进行各种仪

▲图 3–17
沉默的辅首是大门重要的护卫

李健明　摄

式的过程，也是在完成与先祖神灵的深度交流。人们再从大门走出，表示已然获得来自先祖的神圣力量，与先祖融为一体，而沉默的铺首目送着人们渐渐消失在视野中，等待着人们的再度前来。

六、中堂

（一）挡中的意义

穿过门堂，大多有屏门一道，称“挡中”。它由顶部的横披窗、中部的门扇与底部的地栿构成。

地栿即栏杆阑板或墙面底部与地面相交处的长板，挡中的地栿由两个柱础相夹，下为石料，上为木料，木料支柱将门扇紧夹，构成一个紧密整体，顶部披窗将阳光引入，为此处的肃穆气氛带来充满微妙变化的天然光线，配合着不同人群的各种心情，故能在保持祠堂庄重与神秘的同时，增添几分亲切感与柔和气氛。

（二）开阔的前庭

陈氏大宗祠如今未见挡中，映入眼帘的是一片平整开阔的前庭。这是顺德面积最大的祠堂前庭之一。

长长的石条规整横向铺砌，无数的横直线快速左右延伸，将族人的心理高度不断左右牵拉，迅速降低，化作寻常的陈氏族人。

同时，密集排列的横长石板令人在行之难尽的重复中形成无法言说的沉闷与寂寞，将思绪自然转入难以自拔的静默与深深的沉思中，令远处高高的中堂渗透出隐隐的崇高感与不可侵犯的威严感。

人在前庭中，沧海一粟的感觉不断增强。他们只得在整齐排列的祭祀队伍中紧跟前者，默默前行，从密集有序的行列中获得集体的力量与间距中构成的安全感。

四周简朴的建筑形成一个巨大而明净的空间，将人们的视线引向无垠的碧空纵深处。

来自先祖神位构成的平面纵线与来自苍穹的上方纵线构成的一个缓缓移动的交叉点，交叉点便行走中的那个族人。他在行进过程中接受着来自苍天神明、先祖神灵、内心道德三位一体审视体系的严格评判。

因此，前庭是族人在进入神圣空间更深处的过程中，不断进行自我反思的心理过渡区域，也是道德自我审查区域。

此外，前庭作为族人进入中堂的停留处，在此人们按长幼尊卑前后排列，左右进退。他们在前恭后敬、循规蹈矩中将抽象的族规条文，诸如长幼有序、前后有度、碎步前行、心无旁骛等外化到每个行为细节中，更经多年操演，最终心手相应，知行合一，在外节中体味其中的微言大义，悠远寄托。建筑的布局与道义的熏陶两者的融合，先人煞尽苦心。

▼图 3-18

进入前庭，人们逐渐与祠堂融为一体

冯海棉　摄

（三）月台的等级意味

陈氏大宗祠月台上虾弓梁纵架与浅浮雕围栏和两侧梯级分布四周，构成一个相对封闭却平整舒展的巨大空间。

月台进深为中堂的三分之二，面阔与五开间的中堂几乎等同，稍稍收窄的两端显示着低于中堂的建筑地位，也形成相对紧促的空间感与充满变化的建筑层次，在微微收勒中进一步衬托中堂的威严与崇高。

五级阶梯的月台提示着陈氏大宗祠中堂已然升高的地势，更以建筑实体将人群再度分流，形成一个无声却严格的等级空间。

鸡蛋花在佛教中为五树六花之一，称“庙树”。顺德人大多内心虔诚，更喜鸡蛋花的淡净雅正，一身清香。因此，多在月台内种植鸡蛋

▼图 3-19
比大门高五个阶梯的月台，显示出更高级别
李健明　摄

花，与高贵清雅的桂花树共同营造着清穆温馨气息。

横砌麻石板构成的巨大平台成为这座全族人聚会议事主殿的宽松延伸，略低半个台阶的层级不仅稍稍丰富中堂与月台的空间层次，也极大增强暴雨过后的泄水效果，更突显出月台高于门堂与前庭却低于主殿的建筑身份。

素洁平整的月台及层层递进的梯级和靛蓝的瓦当与整齐的滴水，还有红底金字的堂匾与金光夺目的挂落，与中堂、前庭形成高度与等级的巨大差异，令祭祀气氛在前低后高、前抑后扬、前恭后敬、前歉后畏的有序渲染中达到高潮，更为族人进入角色举行仪式或参与族事提供充裕的时间准备与充足的心理酝酿，是人们从门堂、前庭到进入主殿前的最后一个过渡区域。

▼图 3-20
中堂比月台高出三分之一的梯级，呈现出更崇高而微妙的地位
李健明　摄

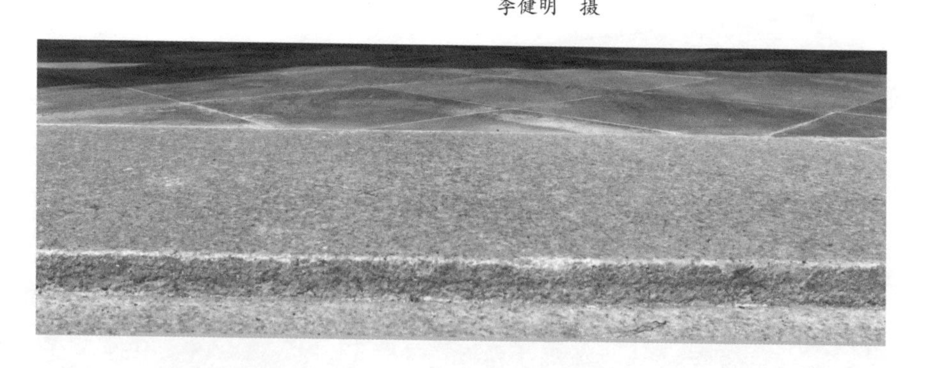

（四）迷人的拱廊

陈氏大宗祠的中堂与门堂、后堂通过庑廊和前后庭连通，构成三个主体空间的过渡走道，更组合成一个虚实相间、通透舒朗、功能互补、浑然一体的庞大建筑整体。

支撑着中堂前拱廊的石质方形前檐柱，清秀挺拔，明快端雅，花岗岩石柱磉与小方柱础，呈现出典型的晚清祠堂建筑风格。它们挺立门

外，迎风冒雨，却因坚实难摧而百年风姿依然。虾弓梁构成的石狮子纵架干净利落，龙首石梁头与石雀替散发着独有的威严与清刚。

卷棚式的廊庑，木直梁一端插入前檐石柱，一端植入后中堂檐柱，构成刚柔并济的典型木石结构。

木直梁满雕戏剧场景和吉祥水草，驼橔布满花纹，构成引人仰视驻足的艺术精品空间。精美的深雕将建筑构建延伸为装饰色彩浓烈的木质结构，折射出工匠举重若轻的建筑技艺，也为富丽堂皇的中堂作出精工细雕的铺垫。

▼图 3-21
洁雅明快的拱廊，是最易为人忽略的艺术空间

李健明 摄

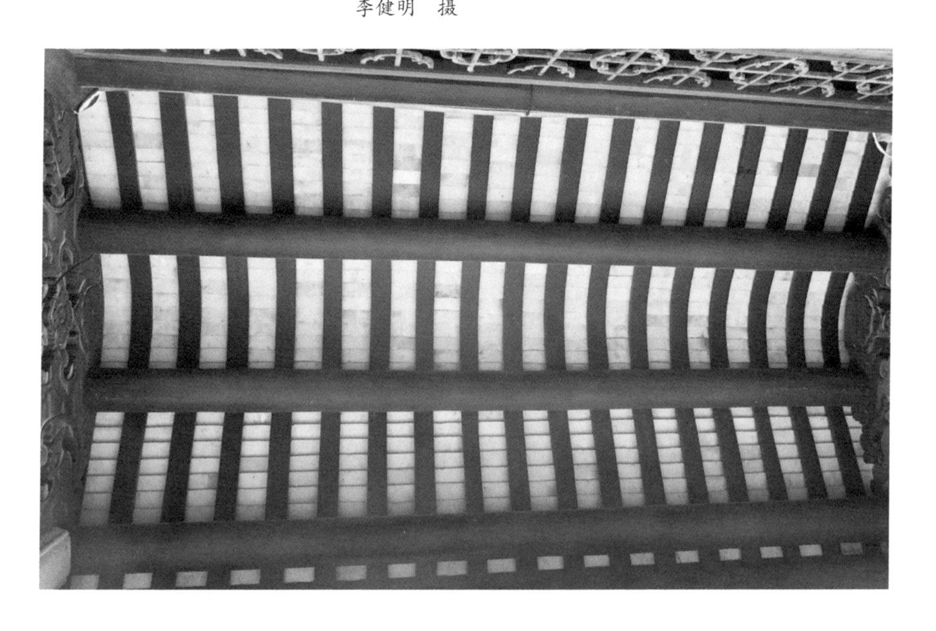

（五）文化核心：中堂

1. 纵横的梁柱

十六条浑圆朴实的坤甸木柱分前后各四，支撑着雄伟开阔的中堂，构成五开间进深的祭祀空间。

长瓜柱与短圆瓜柱和圆栋柱相互支撑构成金字塔形的上层梁头，虽紧凑密集却层次分明，从长短高低的有序组合中形成建筑构件中独有的秩序感与层级感。不断层叠渐上的梁头，最终汇成简洁舒朗却结实稳妥的梁架，实现着建筑功能与装饰效果的融合。

不时以穿枋和弯枋联合瓜柱与梁柱的梁架，因其工艺简便、制作快捷且省工节料而大量运用其中。它们虽等级低于充满殿堂色彩的大式斗拱梁架或驼峰斗拱，却更符合陈氏族人崛起于草根、名播于乡间的身份。陈氏族人宁愿将更多的心血倾注于画栋雕梁去表达对先祖的敬畏，也不愿在建筑上叠床架屋，空耗成本。宏大处浓墨重彩，细微处删繁就简的为事风格于此足见一斑。

▼图 3-22
中堂是家族文化核心
冯海棉　摄

外侧的方石柱与内侧的圆木柱，以石材的坚硬与木材的柔劲，消解着外来力量的冲击与破坏，更构成天圆地方彼此相对、虚实互称、方正与浑朴相映衬的美学效果与文化意象。

▲图 3–23
外侧方柱与内侧圆柱构成的中堂空间，形成独特的天圆地方文化意象

李健明　摄

2．挂落与屏风

通雕贴金挂落满雕仙人、宝剑、书册、宝瓶、盛器、葡萄、莲花、祥云，呈现出富丽堂皇与瑞祥满室的大族气象，与中堂正中上方构成一个硬山顶式祠堂结构缩影，它实是宗族的建筑核心与文化重点。因为，陈氏始祖先灵安放其正背后，无论祠堂建设、宗族延伸、子嗣繁衍、文化构成、风俗规范都源出于此，并向前后自然延伸。因此，它是祠堂的文化核心。

巨大而质朴的红色木匾上书“本仁堂”三字，出规入矩，恭敬沉稳，不见锋芒，一如进退有度、出恭入敬的祭祀队伍，折射着后辈对先祖的敬畏与尊重。

◀图 3-24
挂落彰显得中堂更金碧辉煌
冯海棉　摄

十六根金柱将中堂隔开为五个巨大而肃穆的空间，正中端放着历经百年沉浮却完好保存至今的神案。神案长 3.98 米，宽 1.26 米，高 1.56 米。长宽比例约为 3 : 1，暗合数起于一、生于三的数理，舒展自然。黝黑的神案满身精雕祥云瑞草，四足沉实硕壮，支撑着家族高远的信念与敏感的内心。

◀图 3-25
沉厚的神案体现出家族历史的厚重
冯海棉　摄

十八道屏风构成密不透风的巨大屏障，与神案上的祭品营造出肃穆庄严的封闭空间。大片的浮雕莲叶与含苞待放的浮雕莲花代表与大地深处无法分离的根脉相连。秋落夏生的莲花，象征着家族永不停息的生命历程。左右摇曳的荷花与莲叶，如一道清风吹过神秘的廊板，为这片沉默空间带来淡淡的人间温情与清新的天地灵气。

3．色彩的意味

漆黑的金柱、光亮的桁架、齐整的椽条、密集的瓦片，构成方圆纵横、长短交错、次序分明的格局，特别是瓦片，砖红的色调残存着炉火的痕迹，九块一行的排列形成形断意连的“瓦椽”，与平直明快的黑色椽板形成反差强烈的色彩对比，却为漆黑的中堂上方带来明快却含蓄的绵绵暖色。

▲图 3-26
色彩的配衬令空间充满和谐与吉祥气息

李健明　摄

陈氏大宗祠中红色的主梁不仅为充满压抑冷色的中堂增添一道鲜明而夺目的亮色，更散发着丰富而深沉的文化意蕴。

在原始思维中，血液是唯一能沟通人与神灵的媒介。因此，后世祭祀多用牛羊等，以其血液代替人牲完成人神沟通。后来，人们将这种文化意象转移到红色物件或色彩中。从商周时代开始，人们选择红色或暖色牲畜进行祭祀，以求吉祥。同时，人们认为，“红色明显与天界或天界神灵，以及居住在天界的祖先有关”。[①]

汉代，深受五行说影响的人们以红色作为吉祥色彩，广泛适用于各个领域，但陈氏大宗祠主梁上的红色，除却可获得大众化的吉祥寄托解读外，还提供两个深具价值的具象：首先可追溯远古时代祭祀先祖或神灵时的古朴遗风。其次红色代表陈氏先人灵魂，他们或附着于红色主梁，目睹陈氏后辈的所有行为。因此，族人的进退祭拜，无不循规蹈矩，严守法则。“举头三尺，自有神明在。”此虽古话，于此，却最为贴切。

4．沉默的红砖

以对角线铺就的红砖地面与或浑圆、或方正的前檐柱、廊柱、金柱形成微妙细腻却不露声色的空间关系。对角线打破纵横直线构成的方正空间，以方尖处对应前方，为站立者提供更精确细致的多维度肃立方位。前后方尖，两侧宽广的摆放结构，与站立者所占空间吻合，可形成更整齐划一、舒朗有序的站立队伍，更有效提升中堂的空间容纳能力。此外，方砖充满菱形的意象，在原始思维中代表阳性物质，正好与祠堂内在的阴阳需求吻合，更与正上方的主梁代表阳性的红色对应。前人心思的细密，无处不在。

① 汪涛：《颜色与祭祀》，上海古籍出版社，2013年，第144页。

▶图 3-27
按对角线斜铺的红砖
充满不为人知的含义
李健明 摄

5. 给人启示的衬祠

陈氏大宗祠的两侧衬祠有效增添其面阔，两道青云巷与衬祠构成一个混融整体，形成大宗祠恢宏的三路布局。

单开间的衬祠与主体建筑等深，青云巷成为衬祠与门堂间等级分明的小型过渡空间，从外观上呈现主次分明、轻重有度的建筑节奏。

衬祠高度低于门堂，形成跌级式结构。素净的墙面、黝黑的瓦面、低调的主脊，无不衬托着门堂的宏伟与张扬，默默履行着衬祠的陪衬身份与支持门堂的助手角色，其身份的认定与职责的坚守，体现着祠堂作为等级空间各司其职、追求极致的自觉与坚守，对子孙遵循主次尊卑、动静进退充满启示作用。

七、后堂

后庭相隔的后堂简洁朴实，面对宽阔高耸的中堂后墙，此处显得相对低调与狭小，但更宁静清凉，适合先祖安妥灵魂。

五个梯级的三开间后堂比中堂高，不仅呈现出子孙后辈后来居上的清晰含义，也隐含历代先祖高山仰止的地位与景行行止的道德。

四根前檐方石柱朴素秀挺，纵架上金花承托屋檐，后堂纵深仅为中堂三分之一，一切外在奢华与张扬在此处都戛然而止，迅速回落到道生一，一生二，二生三的三生万物的素朴淡净中。

后堂正中心鎏金挂落与巨大神龛构成一个微缩硬山顶祠堂结构，再度宣示自身血脉原点的崇高地位。按昭穆制度安放的陈氏历代先祖神位，遥遥看去，中正处清晰印刻着始祖“僊谿”名字。传统祖先历代神位，严格按照左昭右穆制度摆放。始祖为正中，父居左为昭，子居右为穆。二世为昭，三世为穆；四世为昭，五世为穆。双数为昭，单数为穆。长为昭，幼为穆；嫡子为昭，庶子为穆。古时次座以东为上，南北

▼图 3-28
默默扮演好角色的衬祠总能给人以丰富的人生启迪
李健明　摄

西等级相随而下。因此，始祖居中，东向。二四六世居始祖左方，朝南，称“昭”；三五七位于右方，朝北，称“穆”。昭为南向，面朝太阳，明亮开阔，以“昭”指代。穆为北向，背对太阳，幽冥深暗，以“穆”指代。古人上左下右，因此，面向南为尊，面朝北为卑。顺德祠堂朝向无法严格按照中原方位制度执行，大多将朝向解读为文化意义上的南方，于是，昭穆排列则按从左到右推进。

▲图 3-29
素净的后堂是祠堂中最宁静却含义最丰富的空间

冯海棉　摄

昭穆制度构成一个家族排列有序的长幼尊卑，每个家族都有诗句将本族辈分清晰记录，一个字就是一个辈，字眼从不重复，字辈结束又循环继续，回环往复，永不终结，形成与甲子年岁相呼应的小文化系统，更暗喻着生命与家族延续的循环往复，绵绵无尽。

人们从字辈中清晰知道自己在家族的辈分及族中各人的疏密关系，

成为人们敬祖敦宗的基础，也是人们承前启后、承接文脉的重要线索，它更是一个存量无数的血缘密码。人们常从一个字就可上下回溯家族成员与不同家族脉络，构成一个庞大纷繁却条理清晰的家族分布结构。正如陈氏的字辈诗“维崇桢象际，德盛显忠良，恢绪成先耀，家声世代扬”，不仅暗含承前启后、德纯义高、振扬家声、光宗耀祖的激励色彩，更让族中成员清晰了解彼此的辈分与身份。中国文化无处不在的道德指引，于此也足见一斑。

▲图 3-30
素淡的装饰映衬着后堂的肃穆
李健明　摄

此时，家族成员按照这一字辈有序地在后堂中为先祖敬献清香、水酒、食品。年龄、官职、财富、权势，在此时都顿然剥落。他们只是纯粹的陈氏子孙，按辈分有序慢行，分享着独对列祖列宗的神圣时刻。

相对于门堂中堂喧闹的花脊，此处仅为内敛的博古脊。脊额为双龙跃禹门的场景，脊眼也仅是素净的花篮与五个寿桃，次间为苍茂松柏，脊耳为夔型纹，色彩素淡谨朴，低调收敛，正如殿内梁柱不见雕饰一样，衬托着肃穆沉静的寝殿供先祖共享一个静谧空间。

此时，淡淡清风轻轻吹拂着陈氏子孙的鬓角，倾听着他们的内心喃喃。

第三节 礼制空间

作为礼制空间的典范，陈氏大宗祠在构建过程中皆以朝廷制度与儒家伦理作为建筑的文化核心，并通过各种建筑延伸与渗透到每个实体中。因此，它的建筑结构必须满足两种要求：朝廷制定的礼制规格，礼制规格下家族对制度的落实与细化。

清代《朝庙宫室考》中记载："学礼而不知古人宫室之制，则其位次与夫升降出入，皆不可得而明，故宫室不可不考。"可见礼制与建筑的深度契合与互动。

所谓"礼"，《礼记·坊记》清晰定位："夫礼者，所以章疑别微以为民坊者也。故贵贱有等，衣服有别，朝廷有位，则民有所让。"礼制就是设定居住空间的结构与人在其中的行为举止，更形成等级与次序。

▼图 3-31

花脊前后不同色彩与题材，折射出前后阴阳的严格等级

李健明 摄

一、结构与布局

陈氏大宗祠分左中右三路建筑构成，中路五开间三进，左右两路为青云巷与衬祠。

陈氏大宗祠以祭祀先祖与共议大事和举行大型活动为主，因而呈现出慎终追远、等级分明、主次清晰却又不失渗透世俗公共空间功能的色彩，其主体建筑结构与布局仍是尊重中居为上、左右对称的传统格局。

正如李允鉌在《华夏意象》中讲“对称安排、秩序井然、有条不紊、强烈的政治伦理色彩，浓郁的理性精神，是中国古代建筑文化的一大民族特色。”因此，陈氏大宗祠建筑中的对称呈现出的是严谨的理性精神与严格的伦理道德秩序。

本仁堂为族中活动的核心空间，位置居于建筑组合群落的中央部分。作为族人活动的区域，以一、三、五为单位的陈氏大宗祠构成前中后与左中右结构。中堂居中且面宽、进深皆大于衬祠的结构布局。三堂心间、次间、尽间面宽与进深都不断减少，中央部分的突出有效增添其结构的稳定性与外观的庄严性。此外，建筑高度、气势、装饰、题材、色彩都从中心部位渐渐简化、内敛、淡净、精巧以进一步衬托中央部位，更折射出森严的等级与清晰的地位。

因此，“传统建筑主体往往以受力结构为主，装饰构件为辅，具有明确的结构主从逻辑关系。如兽吻、钉帽、门簪、铺首、垂花柱、抱鼓石等，有机地‘附丽’于建筑整体结构体系上，丰富了建筑结构形态视觉审美的层次性”。[①]于是，构成从建筑功能导致不同构件的等级关系，

① 唐孝祥：《建筑美学十五讲》，中国建筑工业出版社，2017 年，第 132 页。

▼图 3-32
不同建筑组合出不同空间，构成不同的等级与功能
李健明　摄

▶图 3-33
高低、圆方、上下、前后都呈现出严格的制度色彩
李健明　摄

将毫无生命的建筑结构渗进充满人性色彩的层级与秩序，最终获得充满生命气息的教化与熏陶功能。

此外，“一座建筑里面都被组合为许多空间，空间的形状、大小、明暗、开合等变化万千又整体和谐。人们在建筑审美时，从一个空间到另一个空间，步移景异，一方面保留着对前一个空间的记忆，另一方面又怀着对下一个空间的期待，从而充分显露出建筑艺术的空间理性的时间化特征。建筑的节奏与韵律就在时间的流动中呈现自我的旨趣与品格。也就是说，人们只有置身于空间序列的时间流变中，才能真正感受和体悟建筑艺术之神、之韵。”①

正是建筑师苦心的经营，令建筑从人的自然流动区间变化中发挥着不同的功用，实现着功能的清晰调整与等级的自然转换，如同陈氏大宗祠门堂的前方富丽堂皇与门堂后方的低调素净，令族人深感阳面的高贵与阴面的谦卑，从中获得不同位置角色定位的自悟与觉醒。陈氏大宗祠的建筑与个人的生命需求形成深沉微妙的同构并相互融合，实现着真正的天人合一。此处的“天”，是建筑中代表的天意与朝廷的旨意；“人”则是建筑中行走具有道德自觉力的陈氏族人个体；“合一”的载体就是

① 唐孝祥：《建筑美学十五讲》，中国建筑工业出版社，2017 年，第 136 页。

他们活动和践行道德规范的空间。

因此，陈氏大宗祠的建筑并非纯粹木石砖瓦的混合体，更是制度、政治、秩序、道德、文化的综合体。

◀图 3-34
高低错落其实是等级空间的布局

李健明　摄

二、高度与等级

（一）层层递进的高度与不断提升的崇高感

从流动的河水开始，地堂、门堂、前庭、庑廊、中庭、后庭、后堂有序增高，除却方便对外排水与吸纳广阔空气流动空间的建筑实用价值外，层层迭进的庄严感与步步高升的仪式感令族人产生强烈的层级感。

进入前庭，在漫长的行走过程中，族人离熟悉的小河、广场、树木、村庄越来越远。流水的卑微与中堂的威严和后堂的高耸，令族人每穿越一座建筑，都清晰感觉到经过者的微不足道与前方的高不可攀，尤其是门堂与中堂和后堂分别相差五个台阶的高度，足以使族人从建筑物高度的不断提升中直接感知到清晰而森严的等级制度。

踏上月台，距先祖画像和神主越来越近，刚才漫长沉默的空间迅速转换为不可回旋的时间。在愈发逼近神像的行进中，人们将酝酿已久的崇敬感与敬畏感迅速释放，形成空间、时间、感情的瞬间重合。此时，时间顿然消失。人们在长久凝视祖先神像的寂静中，情感从内心最深处不断加强，形成巨大而不断升腾的精神力量，最终化作对先祖无限的敬意，更不断净化心灵，构成虚空无碍的神人一体。

（二）大门梯级的文化解读

祠堂作为安放先祖灵魂，更为祭祀先祖与族人议事举行仪式的公共空间，其实也是人们的活动空间。因此，其结构单位需为阳数。

陈氏大宗祠台阶为五级。

五行中，五属土，土克水，土生金，金生水，水生木。土实朴厚重，故能克水。对于陈氏家族来说，祠堂门口台阶三级太单薄，无法折射雄厚资财，七级隐隐有宰相王侯色彩，不敢僭越。因此，选择最稳妥的五级台阶。不过，仔细观察，最底层梯级实为半级，反映出陈氏家族不敢跨越完整五级台阶所蕴含的权势威严与文化压力，清晰折射出草根民众虽拥有雄厚经济实力却对传统礼制无法抹却的敬畏与尊重，而杏坛右滩黄士俊的家族祠堂，因黄士俊官高一品，则可坦然制作成清晰而大方的五级台阶。

梯级设置的微妙细节，反映出底气来源的相异。

►图 3-35
大门梯级微妙地体现出族人对身份的清晰认知

李健明　摄

▲图 3-36
比门堂高五个梯级的月台，展现出其微妙的地位

冯海棉　摄

（三）月台梯级的文化含义

中堂前的月台依照上南下北的文化方位，呈“土”字形。五行中，土居中央，最高贵。月台梯级为五，属土，相互吻合。

月台比门堂高五个台阶，反映出月台隐隐拥有中堂等级的身份，但进入中堂前的庑廊地面，比月台高出三分之一台阶，昭示着它高于月台的身份。中堂比庑廊高出三分之一个台阶，又说明它高于庑廊地面的级别。

门堂、庑廊、中堂三者共同构成最简朴的一个无限接近“一”的数字，表达着无处不在的卑微谦朴身份，也折射着它们经过漫长的努力最终获得登堂入室的资格，体现出陈氏族人对礼法的坚守不怠与对传统数理的灵活处理。

◀图 3-37
左右、东西、长短、宽窄都体现着严格的礼制
李健明　摄

三、阴阳与东西

（一）东西尊卑

在传统文化概念中，东方为日出处，主生，为阳。西方为日落处，黑暗降临，主灭，为阴。故东为上，西为下。

祠堂大门左侧为青龙位，右侧为白虎位。青龙宜动，白虎宜静，故门左开为吉。不少建筑物左侧必略高于右。故宫太庙建于左，社稷坛建于右，便是此理。祠堂门口石狮，左为公，右为母，也同理。

顾炎武的《日知录》清晰描述：“古人之座以东向为尊，故宗庙之际，太祖之位东向。即交际之礼，亦宾东向，而主人西向。”

广府建筑仍多以东为上，西为下，但因地势多变，文化解读上则左为东，为上；右为西，为下。

因此，陈氏大宗祠门堂五级台阶的左侧为东，名为“阼阶”，西为“宾阶”。阼阶因地处东也称“东阶”。昔日主人迎接宾客，端立东阶，宾客从西阶缓缓而上。因此，《仪礼 · 士冠礼》中记载：“主人玄端爵韠，立于阼阶下，直东序西面。”玄端、爵韠为古代士人赤带微黑衣服和蔽膝。“阼”，源于酢，为宾客向主人敬酒，后指主人在东阶答酢宾客，于是出现表示东阶的“阼阶”。

《礼记 · 典礼》写得清楚：“凡与客人者，每门让于客。主人入门而右，客人入门而左，主人走东阶，客人走西阶。主人与客让登，主人先登，客从之。拾级聚足，连步以上，上于东阶，则先右足，上于西阶，则先左足。”

▲图 3-38
东西分布的建筑体现出不同的地位与等级

冯海棉　摄

昔日迎接宾客时，若宾客地位高于主人，主人应出门恭候；若宾客地位低于主人，主人则迎接于门内。进门时，主人邀请宾客先入，宾客推辞，主人引导宾客进入大门。“主人入门而右”“客入门而左”，即主人沿着右侧前行，宾客沿着左侧前行，进入庭堂。

在踏上阶梯时，主人迈右脚，先登级而上，宾客随主人迈左腿而上。其走法是逐级登阶，每一级稍停并足，然后再登，古称“拾级”。

陈氏族人在前辈的引领下，按左右尊卑登阶缓上，实际上在践行着礼制的法度。

（二）左右分布

低于门堂和中堂的左右衬祠，不仅可为前庭、后庭带来充足的阳光与雨水，还以自身的自律与内敛，遵守着尊卑高低的礼制，更以左右分布，再度清晰界定彼此的等级关系。

因此，陈氏大宗祠的衬祠，东为尊，西为卑。即使子孙就学的家塾，也应为东，称“少东”。私塾先生所居处，应为西，私塾老师称“西宾”。

宋代司马光在《涑水家仪》对建筑物的分布与男女职能的规范可谓细致具体，体现出礼制的严苛与男女的区别，也折射出人们对阴阳内外、尊卑动静的认知：“凡为官室，必辨内外，深官固门。内外不共井，不共浴室，不共厕。男治外事，女治内事。男子昼无故，不处私室，妇人无故，不出中门。男子夜行以烛，妇人出中门，必蔽其面。男仆非有大事，不入中门，入中门，妇人必避之，不能避时，亦必以袖遮其面。女仆无事，不出中门，有事出中门，亦必蔽其面。”

于是，祭祀队伍的排列可从左尊右卑，前长后幼中见出族中辈分。人们从左侧青云巷进入祠堂，从右侧青云巷走出祠堂，左右清晰，不可混淆。

（三）胙肉分享

即使是祭祀后邀请族中长老享用胙肉，衬祠座位也在彼此的相让中严格按“东向最尊，南向其次，再次北向，最次西向”的礼制入座。人们在德位辈次相配合的次序中，心安理得地享受着族中盛宴。在觥筹交错中，体现着有德长者对礼法遵守所获得的从物质到制度的回馈，在延续人们对家族与自身礼法制度深化的过程中，产生着直观而深远的示范效用。

胙肉在不同阶层数量相异的分配与级别不同区域的享用，充分体现出礼制的结构与等级的森严。

《礼记》说“夫礼之初，始诸饮食”，家族在饮食中不断践行礼制的精髓，尤其是在胙肉的分配与落实到家庭每个不同辈分尊卑者时，更折射出礼制的严苛不苟与条理分明。

此外，家中后辈必须遵循“恭”“让”等礼仪去完成饮食过程中依辈分对长辈男性的尊重与谦让，以实际行动去落实德行的规范。因此，家中辈分最低的女性处于深受漠视的角落，也导致她们一生的谨慎畏缩与自信缺失。礼制的缺陷，不可回避。可见，祠堂中礼法的影响不仅是祭祀、议事、乡饮等大型群体活动，更细化到一片猪肉的递送次序与厚薄肥瘦，可谓无处不在。

四、前后与虚实

陈氏大宗祠从尺寸上体现礼制的等级。左中右三路，中路居中，前中后三进，二进居中，三进三路中，中堂为核心，衬祠为次间，尽端为尽间。

中路二进的中堂尺寸均大于左右，中堂进深为最大，门堂、后堂递减，无论用料、工艺、题材都以中堂向前后左右递减，可见其崇高的现实地位。

陈氏大宗祠前中后三进，构成一个日字形乾卦，中堂位居中，为乾卦中的“二爻”，此时，“见龙于田，利见大人”，已然摆脱隶属初爻“潜龙勿用”、低调沉潜的门堂与三爻后堂“君子终日乾乾，夕惕若，厉，无咎”的增柔顺以怀多福。

陈氏大宗祠严格按照前堂后寝的结构衍生出门堂、中堂、后堂与地堂、前庭、月台、后庭及衬祠、庑廊、青云巷等前后有序、虚实交错的严整分布，除却有效解决采光、通风、遮阳、避雨及不同人群间的有序流动外，更通过不同功能的空间引导着人们朝着中轴线为核心的礼制线路完成文化洗礼：远眺巍峨祠堂时的兴奋、进入辉煌门堂时的恭敬、走在平整前庭时的拘谨、踏上平整月台时的肃穆、参加中堂祭祀时的恭敬、单独走在长长廊庑进入后堂时的惶恐及在逼仄后堂独对历代先祖时的紧张、完成祭祀后踏上台阶时的反思、进入稍稍下倾庑廊时的畅适、走出祠堂看到大片平整地堂时的放松。

祠堂设计通过建筑物的尊卑、廊道的长短、光线的明暗、温度的高低、色彩的冷暖、人数的多寡，让人切实感受到主次分明的布局与森严不苟的等级。他们更将平时的道德礼仪在建筑结构的布局中落实到进退礼让、叩拜祈祷中，实现着真正的进退有度、知行合一。

祠堂以单向的中轴线形成不断纵深建筑结构，通过门堂、中堂、后堂为主体的三座建筑的有序出现，将族人的注意力不断聚拢在以中轴线为核心的祭祀程序重点上。

在这个充满指引性与限制性的视域与思维中，人们朝着以先祖神像、主线神位、祭祀神案、祠堂牌匾为中心线的主要区域，以及由此展开的祭品、金柱、仪仗、廊庑、衬祠、人群构成的次要区域有序进退，而以建筑与布局再度形成主次分明的礼制空间，形成井然有序、尊卑清晰、一丝不苟、等级森严的内在结构，更将朝廷的政治要求与家族的人伦规范通过以上构筑及钟鸣鼓奏、先人画像、祭祀文字、色彩配搭汇拢为一个充满肃穆感与庄重感的神圣空间，最终获得祭祀先祖并传承精神的现实效果。

▼图 3-39
前后与虚实构成的祠堂礼制无处不在
李健明　摄

五、“仁”的外化

（一）名与实

陈氏大宗祠清晰严格的主次布局，让族人在建筑实体与整体观感的收放虚实、大小长短、纵横错落遵循着主次尊卑、长幼嫡庶的身份反复确认，每个族人都在不同的现实空间中寻找并确认自己在家族中的价值与地位。

因此，他们在获得“名”的同时也得到“实”。

出生的先后与辈分的限定令他们无法超越前辈获得更多的家族资源，按部就班的资源分配令心雄万夫、才华出众者无法忍耐漫长的等待。他们只有通过科举、德行、实业三方面的出类拔萃去实现价值的提升，以此迅速超越前辈成为族中俊彦。因此，族谱中对这三类英才不吝笔墨，高度张扬，更于祭祀当天在祠堂分享胙肉盛宴或平时的乡饮中，让他们作为族中贵宾端坐正席，形成强有力的示范影响。

▲图 3-40 禹门本为龙门。《水经注》载："龙门为禹所凿，广八十步、岩际镌迹尚存。"后人为怀念大禹功德，改称"禹门"。陈氏大宗祠上以此灰雕鼓励后辈跃出龙门、一飞冲天

冯海棉 摄

其实，祠堂各种装饰都充满对后辈子孙科业、品德、创业的激励与推崇，从麒麟吐书、五子登科、金榜题名、金玉满堂到福在眼前、满堂富贵等雕塑与壁画中，族人对现实生活的满足、对美好未来的向往、对自我超越的鼓励，无不激励着族中后辈青出于蓝，层楼更上，扬名声，显父母，光于前，裕于后。

因此，从严格规范的建筑布局中，族人却能从无数细节中感受到先辈温煦的关怀与无私的支持，此为无处不在"仁"的外化。

顺德许多祠堂门堂正面庄严富丽，但其背面正梁下方却是一幅水墨云龙壁画，大小神龙九条，龙头相对，口吐水柱，大龙稍稍低头，小龙齐齐仰头，彼此呼应。既有神龙喷水、翻江倒海的磅礴气势，也有父子相依、首尾相应的温婉深情，折射出乡间民众对神龙天子的守护与忠诚，又暗暗隐喻族人出身的富贵不凡，令族人深深感悟到先辈对自己的深切爱护与出人头地的殷切期望。

（二）建筑营造的中和气氛

如果说陈氏大宗祠三座主体建筑为阳，那么分布各处的木刻、石

▲图 3-41
横铺的长石条不断消减人们面对先祖的紧张感，达到微妙的缓解作用，体现着建筑的仁和思想

李健明　摄

刻、砖刻、灰塑则为阴。它们以充满善意的形象出现在不同场合，柔化着刚峻深沉的祭祀空间，令族人在完成庄重祭祀活动的同时，也能从口衔灵芝的梅花鹿、夏风吹过荷花池的瞬间、雕梁上横吹长笛的仙人、锣鼓喧天的拜寿场面等建筑艺术中获得片刻的放松，形成刚柔并融、礼仁共生、阴阳调和、张弛有度的深沉而微妙的现实效果，此为言语难言却事半功倍的“仁”，最终达致众望所归的“和”。

此外，前庭开阔宽广的平面与低矮内敛的衬祠在形成肃穆气氛的同时，实则悄无声息地构建着沉稳宽博的建筑语言，令整个建筑形成纵向的峻穆庄严与横向的平和宁静，使得祠堂在庄严高峻中形成等级、权威与秩序的基础上，散发着隐隐的舒缓淡净气息，构成建筑间微妙遥深的平等，令族人在祭祀过程中逐渐感悟到无处不在的温和慈霭，领悟到建筑空间中营造出来的“厉而温”的“仁”。人们更在建筑形式、数量、高低、宽窄的布局中心领神会地感悟到言语难描的心照不宣，达到意味深长的“和”，形成“礼乐相济”的深度平衡，此为建筑中“仁”的外化。

▼图 3-42
不时可见的碧空是打破紧张等级空间的人性布局

李健明　摄

第四章

宗祠建筑艺术解读

陈氏大宗祠最吸引人的是其出神入化的建筑艺术。无论是檐柱、金柱、门窗的制作，还是木雕、石雕、砖雕的工艺，皆为清末广府地区祠堂建筑装饰艺术的集大成者，更可看到一直绵绵流传至今几乎从未中断的建筑传统与文化精神在这里的默默承传，令其成为珠三角建筑艺术的瑰宝荟萃地。

第一节 山墙与屋脊

一、山墙解读

陈氏大宗祠屋顶为最常见的硬山顶结构，更以人字形山墙构成典型而简洁的清末传统建筑风格。

顺德祠堂山墙大多以镬耳山墙为主，因它源自带有明代官府色彩建筑形制，再加上镬耳山墙外形属金，顺德地处南方属火，五行中金生水，水克火，有镇火寓意。

此外，山墙大多为黑色，因黑色代表水，水能克火，而顺德一带原为水乡，原居民为古越人，他们以水为生，以黑为吉。因此，结婚也以黑色衣服为吉祥色彩，寄托着他们对祥和生活与绵长生命的美好憧憬。

不过，人字山墙更多地呈现出菱状形态，令建筑充盈着澎湃的阳性色彩，与祠堂子孙连绵遥相呼应，又以简洁的人字山墙隐隐陪衬正脊那斑斓精彩的灰塑。

二、屋脊解读

祠堂的正脊本为遮盖屋顶的转折接缝，发挥固化屋顶、防止雨水渗透等作用，后因处祠堂正上方，抬头所见，一览无余，逐渐演变为祠堂等级身份重要标志，于是产生各种正脊艺术形态。

▲图 4-1
黑色山墙代表水，
具镇火作用

冯海棉　摄

▼图 4-2
镬耳山墙既能抵挡火苗
窜入邻居，更可展示崇
高地位与隐隐官威

李健明　摄

珠三角一带祠堂正脊在明代多为龙船脊，清代中后期为博古脊，清代末期大多为花脊。不过，三者往往并存乡间，成为不同风俗信仰与艺术偏好乡民的自由选择。

龙船脊源于乡间龙舟竞渡。龙船作为民众远离不祥、迎纳贞吉的神物，不仅为乡民带来继续向前的自信与超越自我的勇气，更因龙船可从深埋河底的阴性圣物化身为跃出水面、竞渡河涌的阳性神物，并以穿梭人间与神界的特殊功能而深受人们崇拜，几百年间一直陪伴族人迎风劈浪，辟邪迎祥，成为每个家族的流动图腾。将这一充满神圣意义的图腾化作祠堂正脊，不仅可将族内的精神气质转化为凝固却灵动的建筑主

▼图 4-3
轻巧的龙船脊打破硬直的线条，为祠堂增添几分灵动

李健明 摄

体，更隐隐散发着龙跃天门、奔腾沧海的深沉隐喻。它与门堂后上方苍龙奔海、九子形态各异的文化意象遥相呼应，为家族带来刚清骏猛却不无温煦细腻的柔性色彩。

明代和清代早期的龙船脊大多作浅浮雕水草飘动形状，简朴明快，灵动飘逸，寓意绵绵繁衍、生生不息，两端稍稍翘起的正脊状若龙舟。清代中期，人们积财渐富，龙船脊的主体灰塑雕刻更精细丰富，两侧翘起处更以船托轻轻承起，形成两个方形小脊眼，通透雅致，洞测天机。不少龙船脊上仍有鳌鱼一对，存留着中原地区鸱吻衔咬脊端的古老风格，如均安上村李氏宗祠，族中李文田高中探花，祠堂安放鳌鱼名正言顺。后来，鳌鱼大多从脊端后移，构成相对独立的装饰性结构。

其实，据专家考证，鳌鱼的前身是鸱吻，鸱吻的前身是蚩吻，蚩吻

▼图 4-4
鳌鱼既有吞吃火苗的寓意，又可让人感知族内独占鳌头的英气

李健明　摄

的前身是蚩尾。蚩尾为海中神兽，为水精，辟火灾，置堂殿上，镇火。因蚩吻形状与鸱尾相似，加上读音相类，人们就逐渐写作“鸱尾”。鸱为老鹰，人们将其塑造成老鹰形状，唐代殿堂正脊回首相对的就是老鹰。后来，人们将其改为张口衔咬脊端的雄鸱，改称“鸱吻”，民间还渐渐转称为“祠尾”。据专家分析，从明代开始，其形状转向神龙形态，江南称“鳌鱼”。鳌鱼前身为鲤鱼，金、银两种颜色鲤鱼越过龙门，则可入天为龙，但它们偷吃龙珠，只得变成龙头鱼身的“鳌鱼”。雄鳌金鳞葫芦尾，雌鳌银鳞芙蓉尾，但因已具龙形，且可吞火，暗含龙子龙孙的吉祥寓意，更有独占鳌头那催人奋发的积极意象，深受民间钟

▼图 4-5
正脊可令脊垅不易渗水，更可美化祠堂顶部

李健明　摄

爱。于是，从江南蔓延到岭南。

此外，“正脊与檐角在殿顶两坡的交汇处，下雨时，雨水从交汇点的缝隙很容易渗入。将吻兽安装在此处起到了严密封固瓦垄的作用，这样脊垅既稳固又不会渗水”。[①]顺德一带的鳌鱼也应有此防水固化作用。

博古脊源自夔纹。夔为独角兽，状如牛，苍色无角，一足能走，出入水即伴风雨，目光如日月，音如雷，黄帝曾用其皮制鼓，以雷兽骨作槌，声响五百里外，威慑天下，后人们以夔作镇邪神兽。夔纹流行于商周时代，为青铜器上主要纹饰，后发展成抽象化的几何图形，但其神威仍存，震慑仍存。

▼图 4-6
繁丽的博古脊是呈现人们美好向往的巨大平台

李健明　摄

① 曲晓红:《从防火标志到建筑装饰——兼论鸱吻形象在徽州的发展演变》，载《安徽理工大学学报》（社科版），2010 年第 12 卷第 1 期。

博古脊以脊额、脊眼、脊耳构成。脊额为正脊正中，以灰塑浮雕为主，多以蕴含吉祥寓意的花草、树木、麒麟、凤凰、天马、雄狮为主。脊眼为脊额两侧小孔，多安置宝瓶，寓意平安，更为空气流动和缓解台风冲击。脊耳则是脊眼到正脊两端的繁复绵密灰塑群，左右对称。与相对规范的脊额相异，此处可相对自由地施展各种灰塑题材和制作手法，成为工匠们最舒心自由的巨大空间。博古脊在两侧安置一对鳌鱼，隐隐保存古老形制。

花脊也称“陶脊”或“瓦脊”，与博古脊纯粹以灰塑的花鸟为主体相异。花脊将人物、花鸟、鱼虫、亭台楼阁都全搬正脊上，呈现出自然、喧闹、杂而不乱、繁而不芜的气息与秩序。它们以蓝天为背景，将时间淡淡隐去，成为碧空中永远的主角。

▼图 4-7
花鸟瑞兽构成祠堂正脊上喧闹吉祥的画面

冯海棉　摄

第二节 门堂瓦脊

一、八仙对弈

陈氏大宗祠的瓦脊是顺德清代祠堂正脊灰塑艺术的集大成者。

门堂灰塑瓦脊正中的脊额为“八仙对弈图”。传说中的八仙在青松磐石瀑布下四人一组构成两张对弈图。左侧曹国舅与铁拐李对弈。曹国舅轻松微笑，似胜券在握；铁拐李食指独翘，如指挥若定；一旁站立的吕洞宾，手拈长须，静待分晓；稍后处红衫绿裙的何仙姑静依石桌。石桌下仙花独放，静吐芬芳，何仙姑远离棋盘厮杀，超然物外，细看三位神仙枰上厮杀。

右侧的张果老与汉钟离紧张对弈。张果老似妙棋先下，汉钟离似举棋不定，旁边手提花篮的蓝采和探头微笑，似乎对他们的心思了然于胸。不远处，悠扬吹箫的韩湘子正乘白鹤款款而来。

此组图严格以正脊宝刹为中心分割为两部分，左右仙人各四位，合

▼图 4-8　富丽堂皇、气势夺人的门堂瓦脊

冯海棉　摄

▲图 4-9
仙气飘逸的“八仙对弈图”
冯海棉 摄

共八仙。工匠将他们对弈观棋的瞬间精妙呈现，对弈者的凝神、观棋者的轻松、先着一步者的得意、运筹帷幄者的微笑、不明就里者的迷惑，无不呈现在黑底白画框构成的画面中。何仙姑的红衫绿裙与韩湘子的青衣白鹤及流动的祥云和苍翠的松柏，构成色彩缤纷却和谐淡雅，更飘动淡远仙气的场景。其与上端双龙奔腾、拱卫黄金脊刹形成刚柔相济的结构。

“八仙对弈图”为传统题材，清代学者纪晓岚的题诗醒悟最深：“局中局外两沉吟，犹是人间胜负心。那似玩仙痴不省，春风蝴蝶睡乡深。”远离胜负得失，才是无往不利，或许正是此组图画的深刻寓意。

正脊上一派神仙祥和气息，实则符合祠堂建筑的原则：神的空间，人的尺度，人神共处的天地。

二、龙珠脊刹

瓦脊正中脊刹为龙珠的形状转化，正如庄子所说“夫千金之珠，必在九重之渊而骊龙之颔”。龙为水中神物，珠为水中灵物。珠因其状若发光太阳，又在神话结构中获得阳性的含义，特别是双龙戏珠或拱卫脊刹时，三个阳性神物端立门堂正顶，以其最丰富充沛的阳性文化意象而独具崇高地位。三阳开泰，乾下坤上，天地交，万物通，而春分登天、秋分潜渊的两条金龙，融合官禄清贵、刚峻威猛、多子多孙、勤劳善良、长寿忠诚等吉祥寓意，成为陈氏族人对子孙的厚望与未来的期待。

▼图 4-10
双龙护卫的脊刹状若宝鼎，寓意着稳定、安详、富贵

冯海棉　摄

三、脊眼解读

第一对脊眼状若神龛，灵感应来自家中福德门神。内置满盛枇杷的花瓶，两侧绿叶枇杷镶嵌，枇杷上端一对麻雀对视，再上端一双饱满的

石榴垂枝满挂，脊眼上方一对狮子张口瞪眼，雄威骏猛。

枇杷“秋养霜，冬开花，春结果，夏成熟”，尽含四季佳气。在黄梅时节半晴阴的初夏，主人“东园载酒西园醉，摘得枇杷一树金”，欣悦惊喜，跃然纸上。

在古人心目中，枇杷那苍翠茂盛的碧绿树叶、滚圆饱满的金黄果实，象征财富的丰盈与家道的殷实，尤其是酸甜多汁的果肉，暗喻多子多孙与生活美满。

狮子统领百兽，雄威无匹，再加上其身上所蕴含的“太师”“少师”“子息”等令人向往的寓意，令其仅位次神龙，统领虎豹熊象，更送来吉祥贞顺。

四、一对脊额

脊额次间以芭蕉扇状为画框，一对锦鸡站立于牡丹花与古石上彼此对视，一对喜鹊站立在梅花上。

锦绣前程，大吉大利，花开富贵，喜上眉梢，一派春意盎然，喜气洋洋，特别是锦鸡，其勇猛、威武、慈善、守时、诚信深得古人推崇，更寓意“锦鸡现，圣人出”。

芭蕉叶大干粗，民间多寓意枝繁叶茂、家大业大，而其在佛道二教中，又含起死回生、圣洁无尘之义。以其为画框，正与里面繁盛景象相配。

四周绕以蝙蝠、蝴蝶、蜜桃、吐钱金鱼、佛手、洋桃、寿桃，蕴含福气、长寿、富贵寓意，而双飞蝴蝶则喻指“富贵长寿，翩翩迭来”。脊额上端的幼狮、乌龟、梅花鹿、书册无疑代表读书进取，获取功名利禄那催人奋进的清晰含义。

▲图 4-11
锦鸡、喜鹊、梅花、牡丹，散发着锦绣前程、喜上眉梢的吉祥含义

冯海棉　摄

五、又是脊眼

第二对脊眼结构仍是福德神位状，内置宝瓶，七彩富贵花绚烂绽放，两侧葡萄果硕叶茂，一对狮子守护其上，一双金鱼遨游狮子上端，尾摇头摆，生动活泼，脊眼上的鳌鱼从天而降，旁边的蟾蜍与狮子好奇地凝视着巨嘴大张的鳌鱼，动物间的彼此深度互动凸显了稚朴与生动的情态，更以狮子的富贵、蟾蜍与金鱼的多子、葡萄的多孙构成富贵平安、多子多孙的吉祥含义。

鳌鱼高翘的尾巴折射着蓬勃的生命力与飞跃天门、化作神龙的吉祥寓意，鳌鱼长长的双须伸向高远的碧空，表达着陈氏族人迎祥纳吉、辟邪避灾的世俗心理。鳌鱼，作为充满岭南水乡特色的神兽，寄托着人们对世间美好生活的沉醉与对未来甜美人生的向往。

▼图 4-12
充满活力的鳌鱼寄托着陈氏族人对蓬勃生命的向往
冯海棉 摄

与双龙等高的一对鳌鱼，不仅成为花脊上仅次于双龙护鼎的注目点，更弥补着脊眼相对的虚空并将视线引向高空，构成一个纵深的艺术空间，形成花脊整体画面的高低错落、停顿有致的结构感，也预示着正脊精彩喧闹的场景开始进入尾声。

六、缤纷脊耳

脊耳以开屏的孔雀、口衔金钱的蟾蜍、飞翔的蝙蝠、饱满的寿桃构成平安、长寿、福气等人们最期盼的人生，竖立蛋状的脊眼打破前一面方圆相合的结构，形成更为圆润灵动的画面。饱满的石榴，寓意子嗣延绵，生生不息，蛋上端立白鸽，眺望远方。古人认为鸽子为益人阳鸟，

▼图 4-13
一对鸽子相依相亲，更有石榴代表百子千孙，寓意着兄弟和睦、夫妇和顺、子孙连绵

冯海棉　摄

雌雄不离，飞鸣相依，随唱相和，可令父子笃、兄弟睦、夫妇和。

七、前堂瓦脊

整条瓦脊长 25.1 米，高 3.39 米，壮观绚丽，热烈缤纷，花鸟鱼虫，神仙猛龙，瑞兽仙花，松柏牡丹，岭南花果，琳琅满目，主次分明，既有来自大传统的文化意象，如牡丹、神龙、八仙、灵芝，又有充满地方特色的洋桃、枇杷、芭蕉。

长长瓦脊散发着泱泱大气又跳跃着鲜活的草根气息。脊眼与正脊、脊额实虚交错的布局，形成朴实与空灵相结合生动连续的画面感。

特别是左右对称的装饰艺术，令巨大的瓦脊如一本翻开的画册，左右相应，阴阳平衡，尊卑呼应，更雌雄相对，音声相和，应答自如，互

为深嵌，充满自然跳跃的天机生趣又严格遵循左右对称的艺术法则，在无垠的碧空映衬下呈现出独有的宁静与平和，更成为儒家高远理想与草根世俗意趣融为一体的精彩心灵写照。

▼图 4-14
左右对称有效增强画面感染力
冯海棉　摄

第三节
中堂瓦脊

中堂脊额为“祝寿图”。正中一个巨大砖红色圆形“寿”字在蓝色底纹映衬下更显庄重热烈。手持龙头拐杖的白发老妇微微欠身，正微笑地接受自红衫小孙手捧寿桃的祝福。旁边的仕女手持鹅毛扇，含笑睇视。背后的中年儿子，目睹这一场面，笑意满脸。红袍峨冠的老员外手持拐杖，闲坐桌旁，微笑地目睹右前两位孙子手捧硕大仙桃，肩扛桃树，快步走来；还有两位更小的孙子，协力齐搬满是仙桃的桌子，吃力

▲图 4-15
中堂瓦脊

冯海棉　摄

前行；另一位儿子，手捧仙果，缓缓走来。

整幅画面祥和平静，安宁和煦。人物左右呼应，中间老员外作为左右两幅画面的连接关键，既要照顾女寿星，又要照应陆续前来的子孙。背景为苍松翠柏，虬枝茂叶，更有宝瓶、仙果、狮子环绕四周。

脊额正上方为蟾蜍打开上书“福禄寿”三字的书册，两旁一对寿龟相对凝视。以祝寿为主题的瓦脊，与中堂肃穆庄重的“本仁堂”牌匾和神案上满摆的祭品遥相呼应，祈祷先人福寿绵绵，更将福气与仙气传入

▼图 4-16
中堂脊额是寄托长寿无疆、和美祯祥的祝寿图

冯海棉　摄

后辈子孙中。

脊眼为神龛状，内设花篮，上置佛手，四周饰以祥云、葫芦、蝴蝶，暗喻“吉祥福寿迭迭来”。

次间脊额为“双麟吐玉书”，麒麟形态各异，更有梅花鹿相伴，四周饰以蟾蜍、寿桃、宝瓶、花篮、游鱼、金钱。“麒麟吐玉书”源于孔子出生的晚上有麒麟到孔家，吐出玉书，暗喻此人有帝王大德，以示瑞祥临门、圣贤诞生，正与陈氏大宗祠中堂寓意吻合。

▲图 4-17
活灵活现的“麒麟吐玉书”
冯海棉　摄

紧挨其后的是脊眼，内置花篮，饰以祥云，脊耳出以带盖宝瓶左右镌刻着“光绪乙未”“周满记造”字样。

以开屏的孔雀、奔突的狮子、闲适的隐士、悠游的仙人、口衔灵芝的梅花鹿以及上书“百合”的宝瓶作为收尾，处处呈现出人间仙境的安宁富贵。

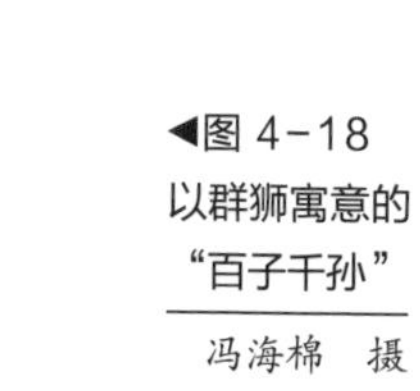

◀图 4-18
以群狮寓意的
“百子千孙”
冯海棉　摄

◀图 4-19
隐士与口衔灵芝
的梅花鹿为花脊
增添淡淡仙气与
富贵气息
冯海棉　摄

◀图 4-20
雄狮镇脊
冯海棉　摄

第四节 灰塑艺术

一、大俗大雅

陈氏大宗祠的灰塑繁密绚丽，色彩鲜艳热烈，充满故事情节，散发着吉祥和睦的意象，令其成为夺目的空中艺术画廊。

灰塑最考验制作者的内心艺术构想与手头的制作水平，因为灰塑需要现场制作。首先，制作者根据场景的空间大小，将相配的山川河流、鸟虫花木、人物神仙按照道德宣扬、伦理熏陶、景物呈现等次序细做构想。

其次，制作者以白石灰拌以稻草和草纸，经适度发酵，反复锤炼，混制成草筋灰或纸筋灰。之后，他们以草筋灰堆塑造型，再用纸筋灰细塑表面，待到干湿适当后，就开始拈灰拌浆、抟圆捏方、刀削扫刷、笔描针挑。最后，一幅动态轻灵且充满立体感的生动画面在他们手下缓缓呈现。

▼图 4-21
相依相亲的宝鸭充满宁静温馨
冯海棉 摄

灰塑为珠三角独有的建筑装饰艺术，民间称“灰批”。因它以多层立体式或单体独立式或两者融合等形态呈现，比在宣纸平面上的水墨丹青更能将制作者内心不同层次的景象按前后空间真实呈现，形成前后分明、左右呼应、大小适中、主次有序的强烈立体效果，加上鲜明热烈的色彩与生猛活泼、充满质感的鸟兽花卉，可将制作者平时飞翔的想象与深藏的才华尽情施展在花脊上，成为制作者充分展现丰富草根色彩与质朴平民理想的

◀图 4-22
神鹿衔灵芝，寓意官高寿长

冯海棉 摄

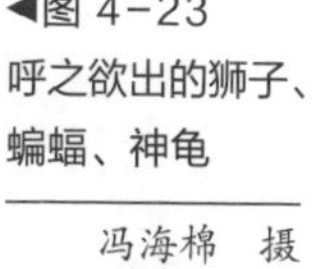

◀图 4-23
呼之欲出的狮子、蝙蝠、神龟

冯海棉 摄

▲图 4-24
将各种艺术手法融为一体的灰塑令花脊精彩纷呈
冯海棉　摄

巨大舞台。此外，灰塑形态逼真，呼之欲出，特别是在阅读文本缺乏的水乡深处，这些生动逼真的灰塑成为先民深喜难释、凝视驻足的艺术作品。

陈氏大宗祠墙楣黑底白草的装饰，是以忍冬草、牡丹、兰花、荷花为原形，经历代提炼，外形转换为波浪形卷曲线条排列，状若翻滚波涛，生动活泼，更绘制成龙头昂起状，势不可挡，乡间多称“草纹”“水草”“草龙”。因其底色为黑，五行中属水，水与龙皆能克火，

▼图 4-25
水草舞动，体现蛟龙生猛
冯海棉　摄

故可镇宅灭火。

大红大绿的热烈色彩，让人在大俗中触摸到人们最真实的生活向往，以及最质朴的深沉理想，在红绿交错中尽情散发着水乡深处乡民对生活粗犷直白的草根气息。

碧蓝的天空明净广阔，成为灰塑天然的画布，凸显花脊上盛大场面或花鸟鱼兽那斑斓的色彩与生动的神态。

二、主次有度

衬祠正脊因宽度受限，灰塑画面向上方延伸，向上高达 3 米的瓦脊，紧凑厚重。正脊中间，画框内两仙人闲坐松下，闲话古今。“闲欹太湖石，醉听洞庭秋”，道骨仙风，萧散飘逸。

更为硕大的狮子、寿龟、蝙蝠、枝叶、书册、丝瓜、宝瓶，弥补着长度的不足，却呈现出骨劲肉丰、毛鲜神动的特别神采，折射出设计师在不同区域的因地制宜的艺术构思与变化多端的表现手法。

▼图 4-26
次间的锦鸡、喜鹊在自己空间中尽情释放迷人神采
冯海棉　摄

（左）

（右）

▲图 4-27
两侧的红袍官员，微笑静立，映衬门堂的热闹
李健明　摄

▲图 4-28
狮子屹立，展现独有威猛
李健明　摄

垂脊两端，左右红袍官员单手举绿色朝笏，左侧为翩翩少年，左手执笏，闲雅端庄；右侧为持重中年，右手执笏，稳健自信。背后均有黄狮端立，寓意步步高升，官授三师。此处相对于正脊的喧闹热烈，更多呈现出独有的闲淡高远，反衬着门堂花脊的热烈喧腾，形成动静相融、主次分明的艺术结构。

门堂垂脊上两端的雄壮狮子全身赤红，毛发卷动，鼻隆眼瞪，张口竖尾，一双雪白獠牙闪出瘆人

►图 4-29
日神笑容，如春阳，
令温暖无处不在

李健明　摄

◄图 4-30
月神笑意，似清
风，吹向人间

李健明　摄

寒光，似在高声怒吼邪魔。利爪踏瓦的双狮，看似凌空跃下，为门堂增添不怒自威的雄武气魄。灰雕师傅将手中纸筋灰与笔尖颜料化作如闻其声，似能感觉到其凛凛威风的守门神兽，足见他们的工精艺熟与得心应手，也将艺术中的“通感”实现在檐头细节中。

门堂后面正脊两端，日月两神端立左右。日神青衫长须，头戴冠帽，手捧上书“日”字的太阳，笑容灿烂，如太阳普照祠堂的每个角落；右侧的月神红衫黄裙，长裙轻垂，手捧上书“月”字的月亮，脸带微笑，温雅淡净，如秋月洒落陈氏大宗祠平整开阔的前庭。

左右对称、阴阳相应的日月两神，次序分明，静静端立门堂后垂脊上，与外面的热闹喧腾形成强烈的反差，提示着族人敛息静步、进退有度，也构成前实后虚、前阳后阴、前尊后卑的文化等级，但将虚、阴、卑做到极致完美，或许比实、阳、尊更为不易，陈氏大宗祠处处折射出对人生的深邃思考与理想的不懈追求。

日月两神飘动的裙衫，微笑的神态，随垂脊微微探身的姿态，正好与族人仰视的双目相对接。工匠对角度、尺寸的把握与对人物神态的塑造，令人暂时忘却它们都是白灰与纸筋。

在陈氏大宗祠两侧外墙的大片空白墙体上，工匠们以简洁端庄的夔型纹作装饰，上饰以白边蓝色祥云，中间绘以硕大的红色蝙蝠，双目大张，口衔黄绳，下吊花篮，中有红色宝瓶、黄色仙果、绿叶枇杷，寓意洪福齐天、平安长寿，世称这种装饰为“花托”。它们打破祠堂外侧的寂寞与单调，更寄托着乡间民众对吉祥安贞无所不用其极的寄托，折射出人们对现世生活的深深眷恋。

前人对灰塑的描绘可谓意尽：“远看山有色，近听水无声，春去花还在，人来鸟不惊。”传神写照，一语道尽。

◀图 4-31
“福在眼前”的造型，将建造时间与建筑企业融为一体

冯海棉　摄

第五节
木　雕

一、虚实结合

陈氏大宗祠的木材来自南洋，主要以柚木、坤甸、黑木为主。“无木不雕”成为陈氏大宗祠的艺术特色。无论是梁架、斗拱、托脚、雀替、檐

板、门面、横梁还是窗户、牌匾、神龛、神案、屏风都满雕装饰。

“雕刻是建筑空间的精神构建，以守望寄喻在构建中的神的精神来佑护人们所居住空间的安全性……以雕刻的象征为家人和族人祈福、颂安、迎财，岁岁安康吉祥。”[1]

陈氏大宗祠的木雕构件以融实用性与功能性于一体的浮雕和镂雕为主。

门堂正中横檩素净无华，不见雕饰，以衬托正门金碧辉煌的门匾与黑底鎏金的门框。两侧纵架、木驮墩满雕花纹，繁缛富丽，精细入微，充分展现清末顺德祠堂木雕的高超水平。

中堂入口处的透雕几脚花罩镶嵌在心间、次间，通透舒朗，既金碧辉煌，又灵动隽秀，锦鸡、牡丹、喜鹊、虬枝相缠的梅花，左右对称，彼此呼应，浑然一体。左右一对屏风，上部分满雕吉祥花卉，平整严实；下部分摇曳的菊花为其注入大自然深处的清风与灵动。屏风与挂落虚实相对、纵横交融却秀雅精致，散发着“窗明几净笔砚纸墨皆极精良，自亦是人生一乐事”的人文情怀，更以金黄的屏风映衬挂落的富丽

◀图 4-32
精美的鎏金木雕花罩令中堂金碧辉煌
冯海棉 摄

① 林峰：《江南水乡》，上海交通大学出版社，2006 年，第 142 页。

堂皇。

屏风、槅门上各种花卉的浅浮雕，交缠连绵，迎风摇曳。人们期待通过花卉的刻绘去在有限的空间中展现无尽的自然意趣，寄托着人们对生命长度的期望与对生命密度的追求。

中堂屏风的上虚下实、轻盈平整，与沉实厚重却不失灵动的神案形成纵横交错的两个木雕艺术展现空间。神案繁复密丽的缠枝富贵花木雕，满堂金玉，背后的屏风下部以简洁舒朗的几案花盆仙草作陪衬，浅浮雕干净利落、明快简洁，形成明显的简繁对比，突显神案的富丽堂皇、肃穆端庄。

屏心的深浮雕夏日荷花，亭亭玉立、遒劲秀雅，水草与荷花交错，紧处密不透风，疏处天光云影，疏密轻重，随手拈来，可见工匠创作时

▲图 4-33
摇曳的荷花屏风为中堂带来无限生机与令人喜悦的动感

冯海棉　摄

的目送手挥、收放自如。

▲图 4-34
槅门浅浮雕花卉，气秀花清，摇曳生姿
李健明 摄

茂密的水草与秀挺的荷花，交错融合，乱中有序，远远看去，似一阵夏风吹动下自由摇曳的一片顺德水塘情景。枝叶与水草上下呼应，自然天真，为静朴肃穆的中堂注入夏日的无尽清和与自然的无限天趣。

“门外野风开白莲”，风的自由、水的灵动、花的奔放、草的苍茂、叶的疏朗，都在流转轻快的刀锋下缓缓呈现，工匠的心手合一，足见一斑。

三对屏风，隔而不离，融为一体，让人在静中寻觅到动的生趣，在动中感悟到静的淡定，淡雅松秀的画面隐隐折射出工匠深受江南精致清隽画风的影响。

柚木雕刻出来的画面，其独有的明黄，在不同光线的反射下，呈现出沉静的华丽、端雅，更营造出独有的和谐、宁静，为人们纳福迎祥、供奉先祖，提供着别具深意的柔和而充满真实感的背景色彩。

中堂屏风以荷花为主体，源于它花枯根存，来年再生，寓意灵魂长存，不断轮回，更指谓远离烦恼，清净无尘。它们与神案、先祖神位、祭品构成生生不息的文化含义，又以轻重繁简、纵横交错展现着工艺的精熟巧妙。

不同画面的布局与呼应，在体现出工匠技艺高超的同时，更折射出他们妙达人心、妥帖细腻的人性关怀。

二、精工细作

庑廊梁架、驼墩多以一品当朝、光宗耀祖、荣归故里、金殿赏赐等为题材，人物形态逼真细腻，服装冠帽等级分明，官爵品位前后有序，左右以流动的祥云作饰，为本是沉实厚重的梁架增添灵动感。

四周以方框作边，构成一个粤剧场面，似能听到锣鼓的咚铮与人物的应答。雀替则以镂空雕饰着祥云仙草，衬托着纵架的皇帝神仙、公侯伯爵，从构建大小与主次中隐隐折射着建筑功能的尊卑主次，处处体现着祠堂所散发出来的礼制空间色彩。

整座祠堂300多米的柚木雕花檐板上，麒麟松柏、金鱼畅游，更有诗意画面，大多是右侧书写诗歌，左侧呈现诗意，如杜牧的《清明》，那断魂的行人、回首的香客、苍碧的树木、隐约的茅屋，尤其是手指远方的牧童，人物彼此呼应，神态细腻，似听到他们的问答与道谢，大诗人笔下的意蕴在紧凑的镂雕中被淋漓尽致地呈现。那潮润的气息和头戴草帽的牧童，似能感觉到纷纷的春雨。工匠在厚实的柚木上精雕细刻，实属不易。

《幽清畅叙》的木雕画面中，诗歌为明代高僧憨山大师的“风雨孤舟夜，微茫草木春，茅庐惊犬吠，定是渡江人”。

男主人骑马远行，夫人款款送别，主人回首凝视夫人，夫人满脸

◀图 4-35
工匠们从未放弃任何一个艺术展现空间

李健明　摄

▲图 4-36
工匠们将自己对历史的认识镌刻在木头之上，为后人认识历史提供真实详尽却别致的具象信息

李健明 摄

凄怆，隐隐呈现出木雕工匠隐藏在高高廊柱上那无法抹却的念家思归之情。他们借古人清酒去浇灌内心深情，因而将木雕刻画得分外缠绵凝重。

最引人注目的是“刘庆伏狼驹”。刘庆为南宋大将，当时西夏觊觎宋朝富庶，更以驯服烈马为借口，意欲挑起战争。刘庆挺身而出，以高超智慧与出众武功，制服令人心惊胆战的烈马，避免一场血腥战争的爆发。木雕上刘庆双手握拳，弓步探身，敛息怒视那四脚朝天的倒地烈马。旁边的文武官员，欢呼赞叹，更有左侧的宋朝与西夏将领，挥锤对打，舞锏厮杀，场面激烈，呈现出当时战争的残酷与两朝的纷争。人物

▲图 4-37
工匠们在坚实的木头上雕出各种逼真的场景，令人敬佩

冯海棉 摄

▲图 4-38
将历史故事用刻刀点点注入木中，成为人们理解往昔的切入点
冯海棉　摄

雕刻细腻，惊恐、欢呼、沉着无不细致入微，连衣衫的垂纹、盔甲的鳞片、冠帽的缨球、骏马的辔头都毕现无遗，而作为背景的树木、楼台、房舍都真实地展现在人物背后，呈现出丰富的层次感，构成强烈的立体感。上下边框饰以富贵花草，令其更雍容大气，富丽堂皇。

“郭子仪祝寿”作为民间最受追捧的题材，以木雕形式呈现在陈氏大宗祠门匾下。郭子仪（697—781 年），唐朝中兴名将，曾收复河北、河东，官拜兵部尚书，后收复东京、西京，晋升为司徒，册封代国公。后平定河中叛乱，册封汾阳郡王。此后，吐蕃攻破长安，郭子仪运筹帷幄，驱逐蕃兵，更联合回讫，大破吐蕃，官拜太尉，赐号“尚父”。“郭子仪祝寿”讲述郭子仪寿辰，皇帝为其设宴祝寿，所有儿媳妇、文武百官都往郭府拜寿，但四子郭暧妻子为皇帝女儿，她不往拜寿，更刁难

▼图 4-39
生动精致、金碧辉煌的“郭子仪祝寿”木雕，寄托着陈氏族人美好的愿望
冯海棉　摄

丈夫，郭暧醉中难忍，痛打妻子，后公主痛哭上诉，皇帝念及郭子仪功高德重，马上提升郭暧连升三级，更指责公主，需行孝道，最终夫妻和睦，重归于好，而场景更以大团圆终结。画面上两面“汾阳王府”左右招展，郭子仪夫妇端坐正中，旁边群子鞠躬拜寿，更有两旁各级官员拱手相贺，画面正中为展开圣旨。两侧为深深拱门，再两侧为雕梁画栋、端雅栏杆，人物毫发毕现，动作细微，再加上鎏金上色，更显得富丽堂皇，满足着人们福寿双全、功高盖世、名利双收、子孙满堂的文化需求与对后辈的殷切期待。它与红底金字的匾额相互陪衬，分别以文字与画图的形式展现着陈氏族人对先辈的尊崇与对后来者的期待。

三、无声画

几乎无处不在的檐板，原来只是位于檐口前桁头遮风挡雨的木板，但经能工巧匠出神入化的转换，已成为陈氏大宗祠展现神话传说、历史场景、戏剧故事及寄托吉祥的巨大舞台，岭南瓜果、水乡花草、通灵瑞兽，无不以浅浮雕的手法分布各处，一直延伸到中堂神案、后堂神龛，成为丰富多样和充满连续画面感的清代木刻展示平台。它融合着清末岭南地区阴雕、浅浮雕、高浮雕、混雕的木雕工艺，尤其是与靛蓝的圆瓦当和红黄相间的檐头构成色彩丰富、多层次的斑斓画面，显得分外端庄大雅、宁静淡净，呈现出砖木结构结合下独有的刚柔相济与和谐舒朗。此外，木材独有的吸音效果将偌大的祠堂营造出独有的静谧与舒闲，“细雨湿衣看不见，闲花落地听无声”，于无声处听神谕。木雕妙处，言语难描。

▶图 4-40
普通木头经巧匠的精工细刻，无不化作祠堂不可或缺的吉祥象征

李健明　摄

后堂龛罩顶端精刻红日一轮，世称“宝鉴”，圆轮在文化解读上可呈现为纯阳神物。周围可以最恭敬的刀法去镂刻飞龙翔凤、瑞草仙花、吉瓜祥果，纹饰繁缛，传达着陈氏后辈对先祖的憧憬与尊重，更折射出木雕于细微处独有的浑朴、绚丽、精美，散发着强烈却含蓄的深情。

▲图 4-41
繁丽的釉黄木刻与简洁的靛蓝瓦当，以及红黑相衬的各种构建，形成色彩和谐却层次多元的建筑工艺和文化含义，令人品味难尽

冯海棉　摄

第六节 石雕

一、每块石都有“灵魂”

宋代李戒的《营造法式》中，描绘石雕有“剔地起突、压地隐起、减地平钑、素平”等四种雕刻形制。明清以后，石雕手法更丰富为阴刻、浮雕、圆雕、透雕、减地平钑和线刻。

石雕因画面素净、质材坚硬、耐磨难损、抗风抵雨，成为陈氏大宗祠另一个展现艺术技法与寄托吉祥深情的巨大舞台。宗祠内几乎所有石质建材构建都留下工匠们的精妙手笔和族人的款款心曲。不过，据前人叙说，一针一刀的凿刻，费用不菲，但对陈氏族人而言，呈现效果才是他们的终极目标。

门堂墪台下的长长勒脚，与梢间同宽，布满高浮雕的狮子戏绣球、梅花鹿、灵芝、仙鹤、松柏、佛手、夔纹，刀法粗犷沉着，瑞气扑面，

▶图 4-42 吉祥花卉与端雅方石构成刚柔相济的艺术精品

李健明 摄

◀图 4-43
罗伞下官员与打伞的脚夫，神态各异，呼之欲出
李健明　摄

与塾台喜庆隆重气氛相配。

门堂沉实厚重的方形门枕石，镌刻着罗伞下头戴冠帽、款步慢行的官员和肩挑满盛仙果花篮的脚夫，还有四周祥云飘荡，蝙蝠寿龟环伺左右的仙人，更有加官进爵、光宗耀祖等画面。刀法凌厉流畅、风格简朴明快、稳重大气的方形枕石与滚圆浑朴石鼓构成天圆地方的文化寓意，更指引着行圆思方的为事原则。

方形枕石以其方正端雅、不偏不倚成为大门重要的依托与配称，折射着刚正规矩、内圣外王的为人处世规则，隐隐透出人们对前辈功德积淀的钦颂继承，以及对后辈青出于蓝的期盼激励。

▶图 4-44
天圆地方的结构，体现出陈氏族人对天地万物的敬畏
李健明　摄

门堂与中堂、后堂的纵架多为光滑素净的虾弓梁，阑额舒展有力，线脚清刚明快，雀替透雕瑞草，架中石狮，四脚踏梁，背顶金花，强壮敦实，特别是透雕技法，不时镂空，虚实相融，更显虎虎生威、活灵活现，似能听得其不时的怒吼以震慑邪魔，更能感受它随时将跃出雕梁，辗转腾挪，捕杀奸恶，为端雅的纵架增添来自大自然深处的活泼气息，也为祠堂引入刚正不阿的清峻风气。

陈氏族人深知，祠堂的主人除却历代先人灵魂外，更是无处不在的木雕、石雕、砖雕，正是它们忠诚地与先人日夜相伴。因此，精雕细刻，正是对它们的深沉礼敬，更是对先人的永久抚慰。

于是，陈氏族人恳请工匠将每块大石的灵魂都一刀一凿地寻找出来，雕刻出他们心中的天下万物，去陪伴在这片土地上曾跟他们一样生活欢笑过的先人们。

◀图 4-45
方形枕石折射出沉实与稳重的家族风格
李健明　摄

二、石雕的满与内心的安

平整的月台四周以护栏轻围，满布阴刻与浮雕石刻，双凤朝阳的刚峻、狮鹿松柏的吉祥、麒麟灵芝的瑞气、加官进爵的祈祷、天官赐福的期盼、一品寿禄的梦想，琳琅满目。抱鼓石的瓣尖状若昂首天外的雄

▲图 4-46
月台四周精致的雕花与垂带上流畅的线条，为中堂增添隐隐的灵动气息
李健明　摄

枭，给人以威严感。

月台上不为人觉的垂带石，工匠也用灵动的刻刀划上流畅的阴刻线条，构成岭南水乡典型的水纹浅浮雕，更因刀法洗练准确、明快精确，令垂带石充满流动感，水乡风土对工匠艺术创作的影响可见一斑。

石雕工匠与陈氏族人以“满”与“添”作为艺术标准，远离传统国画的空灵与虚淡。

“满”与“添”作为乡间民众最踏实的生活原则与人生追求，可令他们远离饥荒、贫穷、困顿及各种不足与匮乏的压抑，这正是祖训中“勤”与“俭”的着力点。“勤”的开发与“俭”的积累，都是“满”的路径与“添”的基础。只有看到米缸里堆成锥形的大米与永淘不尽的饭锆，才令他们彻底的心安与尽然的放松。因此，在岁末最后时刻，他们总会郑重其事地在米缸上张贴写有端庄正楷“常满”二字的大红纸，新年吃饭必再添一碗。充足的储备与丰裕的积累，成为他们生活与

▲图 4-47

丰富的画面体现着人们对“美满”的独特理解，更展示出工匠举重若轻的妙艺

李健明　摄

理想的标准，更转化为他们对艺术呈现的追求。他们的实在与质朴，令其艺术与文人雅士的空灵和虚淡并道齐行。因此，民间的窗花、剪纸、年画、年桔、年花、福寿二字都是密不透风，再加上“空”“凶”粤语同音。于是，将石雕满布各处，去驱除祠中的不足与驱除内心的不祥之感，正是他们获得踏实与祯祥的首选路径。

因此，它是礼法与世俗的混合体，显示人们对宗法制度的严格遵循与对乡间风俗的灵活变通。

三、细节中看匠心

大量的八角柱实则已做简单美化与加工，令其不再是昔日那种纯粹硬直的四方柱，而是在方楞硬直处以精细线条刻画出更具美感的转角，充满石质独有的柔性与细腻，而大量与方柱大小对应的三层小方式石雕柱础，线脚清晰有力、纤细清刚、层次分明，于细微处折射出工匠的一丝不苟。

柱础着地的座基四脚踏地，饱满浑圆，踏实稳重，体现出与大地结合处的天圆地方，但工匠从不忘雕以蝙蝠瑞草。流畅的线条与生动的刻画，为本来沉闷的柱础注入一股灵动飘逸的生命气息，缓缓融入刚劲笔直的石柱，令整座祠堂通过石柱吸纳来自大地深处的生命力量与福气。

中堂内十六根木金柱，全为圆珠型柱础，与浑圆的金柱形成视觉上的统一，也成为金柱有效的收束。微突的圆珠分布柱础，形成视觉的焦

▶图 4-48
柱础雕以蝙蝠，轻易将沉重的压力化作充满轻快的吉祥含义

李健明　摄

点，在防潮减湿中更免方角转折处对人体的无意伤害。

梁思成先生在《中国建筑艺术图集》对雀替作用清晰提炼：缩短梁额净跨的长度；减少梁额与立柱相接处的剪力；防止横竖构材间角度的倾斜。陈氏大宗祠的雀替大多以岭南花果、鱼鸟、瑞兽、神仙甚至外国人物为题材，更以瑞草、祥云相陪衬，形成独有的三角形结构，起到固定支撑横梁的建筑作用，更通过透雕减轻自身重量，也以其轻盈剔透为立柱与横梁增添几分灵动与轻松。

此外，昔日木梁穿过檐柱伸出的梁头多镌刻为龙头，但陈氏大宗祠的梁头大多已成为装饰性的构建，与虾弓梁、金花、狮子、檐柱、雀替构成节奏分明、主次有度的石雕元素，展现着工匠的精妙手艺与独具匠心。

◀图 4-49
对柱础边角的柔性处理，体现出无处不在的人性关怀

李健明　摄

第七节 砖雕

一、精细入微

如果说石雕是八尺关西大汉手持铁板唱大江东去，那么砖雕就是二八佳人拈象牙板唱晓风残月。

砖雕融合木雕的精细入微、绘画的气息表情，又能表达石雕的清刚俊朗，呈现出风姿英迈、飘然不群的独特气质。

砖雕因材料小巧，更需精心制作，但因成本略低，往往成为民间建筑的重要角色。

►图 4-50
刀精力巧的砖雕人物，仙风道骨，似能飘然轻落

李健明 摄

“雕刻砖时，先用笔在砖上画出所要雕刻图案，当图案复杂、层数较多时，可以边雕边画。然后用雕刻工具在砖块上由粗至细地刻凿，最后打磨、清洗、安装。院墙洞开，做砖雕门楼，露天的，所以门楼上必须做防雨披檐，披檐的做法仍用传统木构与青瓦。砖雕门楼常采用条石过梁，但是石梁不能承载过重，故两端砌薄砖，砖上再搭单层或多层木板，模板上面再砌数层砖块，层层出挑，雕刻。”①

陈氏大宗祠的工匠们还对青砖逐块细加挑选，然后按图纸画面将所需青砖数量进行高低排列，再拈刀在不同砖块雕刻所属画面，最后将刻好纹样的青砖有序安嵌墙上，构成层次分明、错落有致的砖雕。更叫人

▲图 4-51
苍劲的梅花寓意人寿千年
李健明　摄

① 林峰：《江南水乡》，上海交通大学出版社，2006 年，第 147 页。

称颂的是深刻技法，线条流畅明快、条理清晰，纤细处毫发毕现，精微处眼珠灵动，引人称绝。

陈氏大宗祠的砖雕全为青砖，与墙体形成浑然一体的色调与视觉的一致性。打磨后的青砖具有长久抗腐蚀功能，天长日久更形成久经风雨的沧桑感，不仅给人以摇曳翠竹投下阴影的清凉爽快感，更隐隐流动着淡青色赋予的生命流动质感。

二、出神入化

陈氏大宗祠最引人注目的是门堂前两侧的三段大型砖雕墀头。最上处为吉祥花卉，线条粗犷，苍劲有力，如双手支撑苍天的整齐力士，错

▲图 4–52
精细入微的“三国故事”砖雕

李健明　摄

落排列，与上端靛蓝的瓦当形成方圆对称。

中间以一块高雕做过渡，上雕花篮、佳果、游鱼，刀法明快果断，四周围雕以细密匀称的小曲线条，充满精致的装饰感。

中间部分为长方形垂直面，四周雕以精细花纹，构成一个凸面画框，里面都是峨冠博带、神态自如的古代人物，为三国故事。他们或拈须沉吟、或捧笏沉默、或凝视远方，应是讨论抗魏对策。其神态各异，眉目传神，可谓呼之欲出。

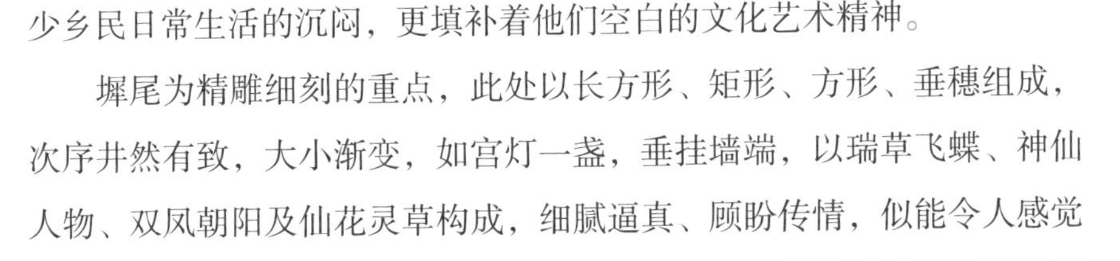

三层人物，以拱廊、门楼分割，如古代戏楼，同台演出，透雕与高浮雕交错使用，人物前后有序，眉目呼应。

在古代沙滘，墀头可作凝固的乡间戏台与恒久的历史叙说空间，减少乡民日常生活的沉闷，更填补着他们空白的文化艺术精神。

墀尾为精雕细刻的重点，此处以长方形、矩形、方形、垂穗组成，次序井然有致，大小渐变，如宫灯一盏，垂挂墙端，以瑞草飞蝶、神仙人物、双凤朝阳及仙花灵草构成，细腻逼真、顾盼传情，似能令人感觉到蝴蝶扑闪的双翼和花草扑鼻的清香，以及人物细微的呼吸。工匠的高

◀图 4-53
墀尾体现出工匠砖雕精致入微的艺术

李健明 摄

超技艺，足见一斑。

此处的墀头砖雕线条密集，条理清晰，纤劲秀雅，垂直不苟，似线如发，状物拟人，精致入微，世称“挂线砖雕”。

青砖雕刻的素净与上端张口瞪眼雄狮的淡绿和瓦当的靛蓝，构成墙面淡净素朴的色调，隐隐衬托着花脊热烈喧闹的主题。

衬祠外墙的砖雕以五幅画面共同组成，一麒麟欢快奔跑，一麒麟口吐书册，画面热烈喜庆，四周绕以苍松翠柏。画框外饰以明净宝瓶，仙草灵花，“周满记造”四字清晰端庄，可见当时他们名播远近，实力非凡。

主体砖雕两旁是砖雕书法，分别为出规入矩的行书，杜甫的《戏题王宰山水图歌》：“壮哉昆仑方壶图，挂君高堂之素壁，巴陵洞庭日本东，赤岸水与银河通，中有云气随飞龙。”法度森严的草书，则是高适

◀图 4-54
笔走龙蛇的砖雕书法

李健明　摄

的《西亭子送李司马》："高高亭子郡城西，直上千尺与云齐。盘崖缘壁试攀跻，群山向下飞鸟低。"挥洒自如，风规自远，绘画与书法形成舒雅有序的过渡，折射出工匠深厚的艺术底蕴与扎实丰富的文化素养，外侧画面是苍劲的松柏与古拙的老梅，斑驳的苍梅虬枝对称内伸，寓意着生命的长久与道德的馨香，更将视线引向长长壁画中心。不同的边框饰以精致细小的宝瓶仙草、行走贤士。整幅画面大处神灵飞动，气势磅礴；小处精细入微，细雕巧琢，动静结合，张弛有致，虽为衬祠，却为端庄大气的门堂增添着汩汩奔流的灵动气息。

▶图 4-55
点画精到的笔法可以见出工匠对砖雕与书法的精熟
李健明　摄

砖雕与祠堂上灵动的水草、碧蓝的瓦当、明快的线脚、规整的线条相配衬，方圆相对，粗精反衬，虚实结合，有无相生，靛蓝、浅黄、砖红、漆黑、米黄、素白构成明净而庄重的多层次色彩配搭，为祠堂增添着无处不在的强烈画面感，并散发着热烈向上的和谐气氛，尤其是整齐排列的蓝色的瓦当，与天色相近，渐渐融入无垠的碧空中，表达着对上苍无限的敬畏与尊崇。

◀图 4-56
神态活现的砖雕
充满生命气息
李健明　摄

第八节
艺术殿堂

一、建筑艺术

陈氏大宗祠三路五间三进，为规整端正“日”字型结构，稳固平衡。

祠堂结构从后堂始祖神位为中心点开始，以纵线前伸，穿过中堂“本仁堂”牌匾的“仁”字正中点，然后抵达门匾“陈氏大宗祠”的

▲图 4-57
中轴线穿过“仁”字中心贯穿整个祠堂，一直抵达地堂前的小河
冯海棉 摄

“大”字正中，最后进入流淌的河流。

同时，仍以此为中心，左右对称展开后堂、后庭、中堂、庑廊、月台、门堂、广场。此外，以广场、前庭、月台、后庭将三堂分隔，形成虚实相间、有无相生、明暗相接、主次分明、等级渐上的空间布局。

亚里士多德说：“美的主要形式是秩序均匀与明确。”人们确实从陈氏大宗祠的清晰秩序中获得直观的美感与不断的艺术启迪。

陈氏大宗祠门堂面宽 25.11 米，正脊离地面 7.8 米，“当人与所观赏的景物的距离约等于景物的横全宽时，这时的水平视角约为 54 度，正好与人眼的自然水平视野张角相近，是一个较理想的观赏位置”。“当人与景物的距离约定于景物高度的三倍时，这时的垂直视角约为 18 度，是观赏全景的最佳垂直视角。”[1] 因此，当人们站立在正门正前方 23.4 米

① 萧默：《建筑的意境》，中华书局，2016 年，第 70 页。

◀图 4-58
左右对称的通道、建筑隐藏着严格的等级与尊卑
李健明 摄

处时，可尽观祠堂全貌。

每一个关于数量、高低、朝向、明暗、主次差异的细节，都在渲染着无处不在的宗法制度与族权力量。在前、中、后三堂中形成相应互动、前呼后应、一气呵成、浑然一体的建筑整体，令人在各种充满指引性的建筑中循规进退，浑然不觉。

陈氏大宗祠大量左右对称的纹饰或塑像，令画面呈镜像对应反复出现，有效强化画面含义，营造出方正中和的艺术整体感与完美感，构成以祠堂中轴线为原点的核心部位展开的衍生与发展的主次关系，令画面散发着等级与秩序的色彩。

同时，画面的左右对称，蕴含着东西升落的循环往复，表达着人们对生命永不终止与精神恒久不灭的真诚祈祷。

▲图 4-59
左右对称的图案构成镜像结构，均匀、平和、净淡、优雅

李健明　摄

此外，侧廊、衬祠将三堂有机相连，低调内敛，却令整体建筑主次分明、气脉贯通。开阔的广场、前庭、后庭带来的空气与雨水，通过门口、廊道、花窗、水渠的连接而自由流动，令祠堂与族人承接着来自上天的雨露与上苍的恩赐和启迪，实现着自然与神圣的结合。

沉雄大气的主殿、低调含蓄的廊庑、无迹可寻的水道、花影摇曳的小窗，各种建筑身份明确清晰，功能作用各司其职，彼此搭建过渡明显。因此，人们也在细微处敛息低首，于浩大处龙骧虎步，族人的活动节奏也随空间的大小阔窄与建筑的尊卑高低遥相呼应，构成充满文化意

◀图 4-60
错落有致的结构彼此呼应，形成不同等级的有序空间

李健明　摄

蕴与等级气息的空间结构，更在散发着建筑艺术的气氛中引导人们进退息止、恭谦礼让，最终达致建筑艺术与行为规范的深度契合。

作为严格的礼教空间，陈氏大宗祠仍遵循一屋三分的古老原则去呈现法制与艺术的融合。

屋顶为天，以致敬苍天与先祖为主体。因此，主脊装饰皆以崇敬天神、先祖为主旨，等级最为尊高，如花脊的宝鼎、双龙、鳌鱼、八仙、狮子，无不统领各方，一呼万应，以对应崇高的苍天与至尊的先祖。

▲图 4-61

神龟、宝鼎、石榴、葫芦，无不敬畏尊贵无比的苍天

冯海棉　摄

中分的祠堂为现实空间。从上而下是鲜红的檩脊、庄重的门匾、悬挂的神像、神主的木牌、神案的祭品、肃穆的金柱、端雅的柱础，构成人神共处的巨大空间。一切装饰与等级，都对应更为切合现实的需求。

梯级、台阶、地面、渠道、泥土等构成第三个空间，是更质朴真实的建筑。它们与大地融为一体，构成整个庞大建筑最为关键的根基。它们平整、沉默，更内敛、低调，呈现出大地那充满母性的温和、坚毅、

▲图 4-62
苍天、殿堂、大地构成三个界限分明却平缓过渡的等级空间
李健明 摄

宽厚以及兼容并蓄、厚德载物。

三个等级清晰的文化空间，指引着一切装饰与建筑都相随变化，更将不同级别的人群指向不同方向，引导他们的进退行止。

陈氏大宗祠以不可逾越的等级制度以及微妙的建筑空间，调整着不同辈分人群形成次序分明的流动空间，构成静态的建筑与动态的人群间完美交融。

二、艺术手法的精彩呈现

作为顺德清代规模最宏大、艺术形态最丰富的祠堂，4000 平方米的巨大空间，成为保存与展现顺德清末祠堂艺术手法与创作精品的巨大平台。

面阔25.11米的门堂，宽3.2米、高3.3米的对开柚木大门，厚重沉实。大门高度为0.99丈，暗含阳数最高等级，却不满1丈，寓意福气永无尽头，这与故宫的9999个房间，杏坛昌教黎氏家庙及尼居群99道门有异曲同工之妙。

门堂大门的对联规整舒雅，“陈氏大宗祠”五个大字流动着爨宝子清刚峻拔的金石气质，与沉雄厚重的大门、开阔平整的广场、舒展巍峨的正门相得益彰。

◀图4-63
大门、对联、门匾、石鼓、门枕石，构成以色彩、纵横、方圆各种工艺融为一体的艺术集大成者

李健明 摄

周围鎏金的木刻，两侧梁架的深雕，门下满雕吉祥神兽的石鼓、门枕石，构成书法、篆刻、木雕、石雕等不同艺术门类的同台呈现，书法的峻朗、篆刻的秀雅、木雕的浑朴、石雕的粗犷，各领风骚，百花齐

放，却彼此衬托，相得益彰。沉红的富贵、鎏金的华丽、漆黑的庄重、洁白的净洁、清灰的素淡，构成大方舒朗、喜庆吉祥的欢快色彩空间。

纤劲的前檐柱修峻挺拔，映衬着宽博沉雄的门堂，显得如此的举重若轻，得心应手；质朴的纵架舒展大方，坚固的阑额收束有力，狮子与金花的错落交替，远远望去，似展翅翱翔的蝙蝠，为门堂带来自由飘逸的灵动感与无尽的祥和。

▶图 4-64
纤劲的檐柱与沉实的柱础，成为石雕工匠尽情释放才华的新天地，也让人们欣赏到或浑朴或刚秀的石雕艺术

李健明　摄

此处展现在外的石雕素净洁白，与背后纵横交错、满雕吉祥花草的梁架形成前后明暗的对比，更构成石雕与木雕主次分明的展现空间，然而，随着人流的自然扩散，此时门廊上的木雕空间自然切换为引人仰首细品的主体空间。因此，艺术门类展现空间的自如切换与调整，令面积庞大的陈氏大宗祠成为顺德祠堂建筑艺术的典范。

▲图 4-65
门廊上的木雕将人们的视角从俯视和平视引向对天空的仰视
李健明　摄

正脊上的仙人瑞兽、仙花吉果、铜钱宝瓶融合鲜明热烈的彩描、次序分明的三体式灰批、形象立体的深雕式灰批，彼此穿插，前后呼应，左右应答，构成一幅节奏分明、黑底白边、方圆结合、左右对称的充满向心力的艺术长卷。

►图 4-66
正脊上人物、神仙、瑞兽、仙草左右对称，充满不断向中心强化的热烈气氛与和谐气息，更构成一片五彩缤纷的艺术空间
冯海棉　摄

人物的鼻头、嘴巴略大，以此凸显出人物更生动的神态，更以此增添其异于常人的神性。正脊与下面平整的大片瓦面屋顶，以及两侧垂脊形成双手伸出般的拱卫空间，给人以安全独立与衬祠隔而不离的连续感；同时，又与墀头细密精致的砖雕、门堂浑朴粗犷的石雕共同组合成各种雕塑艺术的密集空间，通过明暗虚实、高低主次、热闹与清静、喧腾与清和、衬祠的内敛向上、色彩的淡素雅致的结合，默默衬托着主脊的独一无二与至高无上。

各自分割的每个艺术形态，又呈现出时代的尖端水准：灰塑锦鸡对视的神态、双狮嬉戏的活灵活现、檩条上缠枝富贵花卉的连绵密丽、花檐板上神话故事中人物神态各异以及狮子大象蝙蝠相互组合的砖雕、细密精致的屋檐线雕。“出新意于法度之中，寄妙理于豪放之外。”咫尺之

▼图 4-67
刚劲明快的垂脊与精致细腻的砖雕墀头形成水到渠成的彼此呼应
冯海棉　摄

◀图 4-68
不同的空间形成相异的主体，成为农耕时代人们驻足仰视的“历史剧场”
李健明 摄

内，写千里奇景，方寸之中，融万年远思，“近睹分明似俨然，远观自在若飞仙”。古人艺术理想，于此一一落实。

此外，中堂金碧辉煌的挂落上，那岭南木雕透雕艺术绵密繁丽的精致工艺，与漆黑的廊柱、素净的檐柱、红底金字的堂匾，加上木雕、石雕、灰塑和睦的色调与不同的功能，构成中堂富繁茂苍的艺术整体。

无处不在的建筑装饰连同建筑本身，附着上工匠们的灵魂。他们用智慧雕琢时间，他们用双手雕琢历史，他们为人们留下一丝不苟的精品与精益求精的精神。

▲图 4-69　欲之欲出的人物为祠堂增添无限灵动活泼气息

李健明　摄

三、务实的工匠精神

“五材并用，粗料精制”是陈氏大宗祠材料制作与使用的原则。

除却木材来自南洋外，砖、石、灰、纸筋都为本地普通物料，举目可见，俯仰尽得，但经工匠雕琢后，砖化作墙体、墙面、地面、砖雕；瓦制成细密屋顶，泄水采阳遮光；石砌成墙基、台基、道路；土垒作地基，烧为瓦当；木化为栋梁檩椽，窗门屏风。

它们化身为祠堂的各个部分，在工匠的雕琢与运化后，成为充满神圣意义的建筑与构建，与主人、族人、先灵一道走过漫长的风雨沉浮，悲欣欢戚，更目睹祠堂的辉煌沉浮，凋零颓废，重修再生，光彩焕发。

◀图 4-70 寻常物料经巧匠双手化作祠堂上精美的艺术品
冯海棉 摄

石材的坚硬耐磨抵御着外来的侵损，木材的弹性缓解并释放外来压力。于是，在陈氏大宗祠，木石契合，穿梁插柱，随处可见，形成张弛有度的合力，将外来危险消解于风平浪静中。因此，物尽其用，竭尽所能，成为工匠们的制作原则。

于是，世代相传的建筑手艺，精益求精的制作技艺，足令这些乡间寻常物化作雅致端朴的花鸟鱼虫、瑞兽神鸟，成为人们流连忘返的艺术

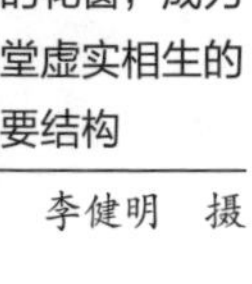

◀图 4-71 淡雅的门窗与通透的花窗，成为祠堂虚实相生的重要结构
李健明 摄

▲图 4-72

坚实的石雕与充满弹性的木雕达到刚柔相济的建筑效果

李健明　摄

精品。工匠们对物料特性与功能的了然于胸与工多艺熟随处可见，呈现出清末顺德一带祠堂建筑艺术令人倾慕的整体水平。

这些来自乡村的木匠、泥瓦匠、石匠、油漆匠、雕刻匠，日夜劳作，从未停息。世代相承的手艺与经验积累的工艺，让他们从祠堂的布

▼图 4-73

工匠们最乐意制作各种形态的蝙蝠

冯海棉　摄

局策划到斗拱驼橔的制作，无不信手拈来，运斤成风。他们更因地制宜，就材下料，因陋就简，随形赋意，将每块材料都穷极其功用。“牛溲马勃，败鼓之皮，俱收并蓄，尽用无遗”，正是他们的原则。

尤其是他们都是本地工匠，建造祠堂房舍就是他们的营生。低成本，高效用，融美观与实用于一体。所有这些，正是他们与祠堂主人心神一致的现实效果与文化精神。

从“周满记”“永和昌”等建筑堂号中，可知不同企业紧密友善的合作与天衣无缝的技术融合。人们从沉雅的雕塑、奔放的色彩、夺目的鎏金中，可以见出来自南番顺水乡与潮汕地区相异却相得益彰的风格，更从“刘庆伏狼驹”“五伦图”中可看到广州陈氏书院同类题材的适度借鉴。不过，所有这些都毫不妨碍多种艺术表达的深度融合，足见当时人们的和衷共济的合作成效。

工匠们将江南绘画的淡雅清新、岭南画派的热烈奔放、印章篆刻的精细入微融为一体，形成通透灵动又质朴稚拙，却从未见浮华夸张的务

◀图 4-74
砖雕、灰塑散发着江南淡远的水墨气息与岭南江河的质朴气质
冯海棉 摄

实风格，处处践行化朽为奇、点石成金的工匠精神，更在漫长的制作中催生出青砖、石板、石雕、石灰、纸筋等相关产业的兴盛，形成一个庞大的产业队伍，推动乡村的经济发展。

他们的默默功绩，值得大书一笔。

四、经世致用的价值取向

在中国传统文化概念中，遵守与弘扬忠孝仁义是获得福禄寿喜财的有效路径。因此，无论是戏剧场面中的二十四孝、郭子仪祝寿、三国故事还是神仙对弈、贤士远行，无不以忠君报国、敬孝长辈、夫妇和睦、兄弟友善、奋发上进、金榜题名、光宗耀祖为主旨。这正是陈氏族人期待的祯祥顺吉、喜庆欣悦。

在琳琅满目的三雕一塑中，人们可见满目的吉庆寓意，如蝙蝠的“福”、梅花喜鹊的“喜上眉梢”、鹌鹑与落叶的“安居乐业”、游鱼的

▼图 4-75
吉祥、平和、长寿成为主人与工匠共同的主题
冯海棉　摄

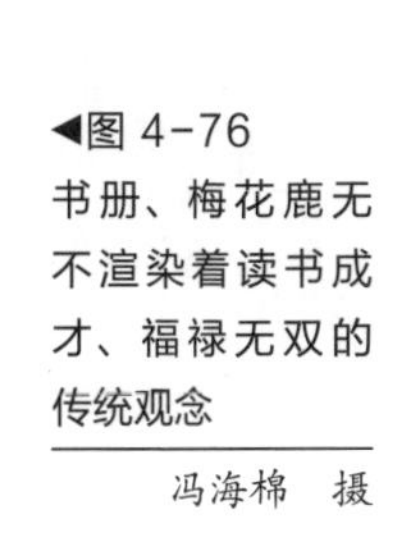

◀图 4-76
书册、梅花鹿无不渲染着读书成才、福禄无双的传统观念

冯海棉　摄

◀图 4-77
传达教子有方、青出于蓝观念的石刻，成为人们进入陈氏大宗祠前阅读到的文化序言

李健明　摄

“吉庆有余”、红枣桂圆的“早生贵子”、蜜蜂猴子的“封侯拜相”、蝙蝠与寿字组合的“五福捧寿”、螃蟹的“二甲传胪”以及五福临门、金玉满堂、福寿双全等，可谓心思费尽。

吉祥与安定、和美与平安成为陈氏族人内心最向往的生活，更令他们在深深寄托中自珍自重、自惜自励。他们所奋斗的一切，都是为获得美好的生活与舒闲的精神享受，这也正是其经世致用的内在精神。

同时，从戏剧人物、花鸟鱼虫、历史故事、伦理道德的各种艺术展现手法中，可以见出儒家文化在顺德水乡深入民心的渗透与塑造。陈氏族人通过祠堂的建筑与构建的塑造，令族人如同中原民众一样追溯自己的先祖、颂扬先辈的功绩、推举先贤的道德、叙述先人的故事，勉励后代跟随祖先的足迹、实现他们的理想、超越前辈的功德，实现生活的稳定和美、家庭的安康富足、事业的更胜层楼、道德的天下敬仰、精神的安宁满足，遵循着儒家修身齐家治国平天下的方向一路前行。同时，陈氏族人将砖石泥土瓦化作巍峨的祠堂、精美的塑雕、挺拔的廊柱、热烈的色彩、吉祥的寓意，可以见出他们经世致用、务实去妄的价值取向以及择善巧用、融会贯通的思维方式与自然清新、自由向上的审美标准。

所有这些，汇聚成祠堂内外散发出来的那种虽庄严肃穆，但无法按捺的勃发生机与奋力向上的活泼精神。

▶图 4-78
“福寿在眼前”是民间直观而深受欢迎的话题

冯海棉　摄

五、农耕文化

陈氏大宗祠虽为清代顺德面积最大的祠堂，但农耕时代的文化特色却依然保存完好。

祠堂以厚实封闭的大门、高耸素净的围墙、一望难尽的广场形成对外远距离的阻隔，沿袭着农耕时代的自我保护，远离外在伤害的文化遗存意识。

祠堂内一应俱全的活动与餐饮设施，令人们可在充满私密性的空间中完成族内各种活动。同时，以前庭、花木、漏窗等建筑形式构成与青天、白云、大地、万物、乡人相融合的半开放结构，如同遍布乡间的樘栊、脚门一样，进退自如，防守应手，但农耕时代彼此合作的经济结构，又逼迫着人们不得不划开一道小口去对接外界资源，构成更为深切的经济互动。

▲图 4-79

“晴耕雨读”的文化观念无处不在

李健明　摄

第五章

陈氏英才垂范后人

历代英才是接续或改写家族历史的重要人物。他们的杰出成就或纯德高义，不仅成为一个家族不断往上攀升的基石，更是后辈继续超越的高峰。他们流传下来的各种故事，往往成为解读一个家族的生动注脚；他们为一个时代做出的贡献，成为这个家族最为珍贵的精神遗产，更成为苍茫历史中最值得珍藏的瑰宝。

第一节 古 代

陈贵卿：定居沙滘 陈氏始祖

陈贵卿（1264—？），字仕初，号僊谿，为陈氏南来广东第九世孙。陈贵卿抱道乡间，躬耕田畴。他在元至正四年（1344 年）率族人从南海县大仙岗迁往当时仍称“沙溪”的乐从沙滘，成为沙滘始迁祖。

此后，他潜心教学，作育英才，为沙滘陈氏开始迁祖启此后七百多年历史。

▲图 5-1、图 5-2 高中举人、进士都成为陈氏家族深以为豪的文化历史

冯海棉 摄

陈　绮：高中举人　任职广西

陈绮，举人，出任广西全州知州正堂。村中曾有牧伯祠祭祀供奉。

陈继昌：三元及第　定居广西

陈继昌，清嘉庆庚辰（1820 年）科会元，后任布政使，定居广西临桂县。

陈文泰：南洋致富　不忘故里

这位陈文泰，就是著名的陈泰。陈泰倡导建造陈氏大宗祠，父子出巨资大力支持。凡乡中创办书院、善堂、修路、建桥、施药、救济，他无不积极捐款。清光绪二十九年（1903 年）获朝廷“乐善好施”牌匾。

陈　敖：谋生马达加斯加　定居此地第一华人

一说陈敖在清代末期远赴毛里求斯以捕鱼为生，后打捞海参时发现马达加斯加。当时马达加斯加地广人稀，他与族人陈汝璇、陈足、陈能等一起迁入马达加斯加的塔马塔夫。

另一说是陈敖拾海参时被大风卷走，后漂泊到塔马塔夫，由乡人救起，后定居于此。陈敖成为中国历史上第一位到达马达加斯加的华人。

陈广明：开设商号　因功获衔

陈广明先世早年经商于毛里求斯，再迁留尼汪，设“远发隆”商号，遭遇风暴漂至马达加斯加。他在塔马塔夫开设“广利荣”商号。1883 年，法国殖民军令他准备军需物资。法军占领马达加斯加后，陈广明因军功授四星军衔，晚年返乡。

陈彰九：曲折经历　平淡人生

陈彰九于1835年出生在东村后街祖居。15岁到毛里求斯。经20年积累，最终开杂货店1间。年近40，回乡结婚，生五子一女。1900年，陈彰九年方13岁的次子陈润桥到毛里求斯与他团聚。10年后陈润桥返乡娶妻，生五子：陈惠湘、陈南始、陈炎珠、陈树滔、陈赖荫。除小儿子陈赖荫在家乡经营布匹外，其他都在抗战中离乡。陈惠湘与陈南始终老于毛里求斯。陈树滔后转往马达加斯加经商，1973年回毛里求斯经商。其妻霍润和，即霍恩祺妹妹，与5个女儿、1个儿了定居加拿大。从这段经历中可知乐从人早期的出国经历与奋斗历程。

第二节
当　代

陈文锦：率领人民摆脱法国统治　出任塞舌尔首任总统

1871年前，陈文锦先祖从马达加斯加来到塞舌尔。陈文锦早年留学法国，学成后回塞舌尔潜心推动民生，后成立民主党，领导人民不懈努力，最终摆脱法国统治。1976年6月29日塞舌尔宣布独立，陈文锦成为塞舌尔第一位总统，陈文锦在本国称詹姆斯·曼卡姆。近年，陈文锦担任对外友好协会会长。2004年曾访问北京。2001年和2014年陈文锦两度回沙滘寻根。

陈福胜：商界巨子　华侨领袖

1935 年，陈福胜来到马达加斯加，致力于山林开发与木材出口。后种植甘蔗，设甘蔗酒厂，成商界巨子，出任马达加斯加京城华侨公社社长。二十多年间，出任华侨小学董事会主席，全力以赴，深获好评。

1959 年，马达加斯加遭遇特大洪水，陈福胜组织华侨与本地民众一起抵御洪水。

1960 年，马达加斯加独立，陈福胜号召华人投身支持总统齐拉纳纳，捐款支持各项社会建设。1963 年获马达加斯加功绩骑士勋章、1964 年获大摩洛哥明星骑士勋章、1969 年获马达加斯加将士衔民族勋章、1989 年获马达加斯加大将士衔民族勋章，成为第一位获国家荣誉的乐从人。

陈兆昌：致力两国交流　促进文化发展

陈兆昌早年（1938 年）经营摄影器材店，代理日本富士胶卷，成为马达加斯加著名且历史长久的摄影店。

1972 年中马建交后，陈兆昌经营书店，长期引进介绍中国的书籍，令人们对中国的了解不断深入。他还专营毛泽东著作，售出约 40 万册法文版毛泽东著作。1994 年，他的“东方书店”迁到繁华商区，成为中马两国文化交流枢纽。

1973 年国庆前夕，陈兆昌率中马建交后第一个华侨旅游团回国观光，应邀出席在人民大会堂举行的国宴。作为团长，陈兆昌与邓小平、李先念、徐向前等国家领导人同台，邓小平更与他同席观赏烟火晚会。

此后，陈兆昌还受邀参加了中华人民共和国成立 35 周年、50 周年、60 周年大庆大阅兵。

2003 年，陈兆昌组建马达加斯加顺德联谊会，出任首任会长。

此后多年，每逢家乡举行重大庆典，他都组织会员乡亲返乡参加，如教育基金百万行、顺德大学筹款万人行及历届恳亲大会等，积极支持家乡发展。

陈健江：引入家乡产品　介绍家乡发展

2006年4月，塔马塔夫顺德联谊会正式成立，陈健江出任首届会长。

近年，陈健江积极组织乐从华侨后代组成寻根团，寻找先祖痕迹与文化根脉，他更为本地华侨学校提供中文老师，深获赞誉。

2015年和2019年，陈健江两次获邀参加在北京举行的阅兵仪式。

罗宾逊：角逐马国总统　出任卫生部部长

1952年，罗宾逊出生在马达加斯加首都塔那那利佛，中马混血儿。其爷爷在20世纪20年代从沙滘来到这片岛国。1980年，罗宾逊获医学博士学位。2004—2009年任卫生部部长。任职期间，致力于中马卫生交往，更帮助甘肃省建设3所医院和1家化工厂。2013年参与竞选总统。如今从医。

陈永信：潜心企业发展　推动华侨事务

陈永信20世纪60年代到南非。他白天工作，晚上学习，不久，开设一家化工厂，专营洗涤剂。他从生产、营销、财务、送货开始，在其精心经营下，他的化工厂成为当地重要企业。

2012年，第八届世界顺德联谊总会恳亲大会在约翰内斯堡举办，陈永信为此奔波两年，终获成功。

陈祖建：传播顺德美食　联谊美洲华侨

1978年，陈祖建来到危地马拉。30年间，他潜心经营餐厅，传播顺德美食，成为危地马拉华侨总会会长。此后，他与伯利兹、巴拿马、洪都拉斯、尼加拉瓜等中美洲国家的顺德籍社团保持密切联系，成为中国侨务部门知名侨领，更应邀参加多届在北京举行的“世界华侨华人联谊大会”，成为祖国与华侨联络的重要人物。

陈光鉴：常年不断捐助　致富不忘家乡

陈光鉴1927年出生在沙滘，1947年赴港打工，后经营藤业店，1958年，投身塑料行业，此后几十年，专营胶粒买卖。

1981年，陈光鉴为家乡沙滘西村每位农户赠送农艇一只，为村民外出与劳作提供重要工具。

几十年间，陈光鉴积极支持家乡事业发展。他捐赠项目涵盖汽车、道路、教学设备、幼儿园、乐从医院、影剧院音响、大罗小学、振华中学、沙滘中学、球场、老人基金、镇教育基金、镇儿童公园等，捐赠金额超1000万港币，为家乡教育与福利事业做出突出贡献，他更积极号召港澳同胞和海外乡亲推动家乡发展，获“顺德市荣誉市民”称号。

陈澧信：专营印刷设备　出任同乡会会长

陈澧信1952年出生于沙滘，1978年移居澳门，为澳门印刷类商会副会长，澳门顺德总商会名誉会长。

2010年，陈澧信出任“澳门顺德乐从同乡会”会长，致力于两地经济、文化、信息交流，深获众望。

后记

知道沙滘陈氏大宗祠是少年时代看电影《武当》，人们兴奋地指着陌生的画面使劲地告诉懵懂的我，那就是沙滘陈氏大宗祠。那时候，沙滘是一个遥远而陌生的名词。

20 世纪 90 年代后期，终于来到慕名已久的陈氏大宗祠，但满眼蛛网的大堂与颓废的木料，令人无法将其与传说中的宏丽峻博做任何联系，只有耳边灌满陈氏族人滔滔不绝的辉煌叙述。

20 世纪初，开始涉足乐从历史。重修一新的陈氏大宗祠扑面而来的是脱胎换骨的干净雅洁与无处不在的精美灰塑和木雕、石雕、灰雕，令人深感震撼，无法忘怀。

此后，随着踏足宗祠次数的增加及与族人交往的深入，我渐渐无法忘却这座充满空灵气息的古老祠堂。许多个寂静的午后，我独自来到祠堂前，细细端详那纤劲的廊柱、细密的砖缝、熟悉的石鼓、粗犷的石雕、精致的砖雕，更想深入探究严掩的大门背后那千年的沉浮历史、百年的晴耕雨读及早已随风远去的悲欣交集，去解读水乡最深处的精神脉络。

非常感谢乐从镇宣传文体旅游办公室为我提供单独撰写乐从陈氏大宗祠专著的机会。陈氏大宗祠确实值得独立成册，不仅因它的面积与规模，更因它所涵括的历史背景、时代风云和层出不穷的英才，还有那渗透到这片土地骨髓深处的内在精神。

从这座祠堂，我们可回溯中国祠堂的建筑历史脉络，更可梳理明朝南番顺精英崛起后对这片土地以及对中国宗法制度的深刻影响，而从清末民国时期围绕这座祠堂发生的众多故事与传说，都应清晰而准确地细加记录，成为人们重新解读这座祠堂的不同切入点。因此，在撰写过程中，我在翻阅大量资料的同时，也采访大批热心的知情人，将他们提供的各种资料或口述记忆，梳理入书，成为珍贵的口述历史。其中黄浩老师无私提供他以前撰写陈氏大宗祠的有关资料和重要信息，令本书的撰写拥有深具价值的参考成果，其光风霁月，令人敬佩。冯海棉先生为本书提供大量珍贵新旧图片，成为本书历史的另一个真实呈现。陈润明先生为此书提供珍贵文献和口述历史。小店铺的陈镇江先生及其夫人提供广兴堂族谱，为本书撰写提供直接的参考资料。周满记家族后人周志伟先生、梁少颜女士提供珍贵原始资料和各种记忆，令此书更丰满、细致。陈洁莹小姐为本书提供当年沙滘小学图片。陈志惠、刘菌霖提供祠堂测量数据令表述更具依据。所有这些，都汇成此书的一行文字或一段记录，更构成这座祠堂充满生命力度的精气神。在此，特表谢意。

此外，特别感谢清晖园博物馆张凤娟女士审读全文，为此书提供大量专业意见。特别感谢大良文化中心图书部主管梁舒扬小姐一直为我提供大量专业文献，为此书的论据与思考角度提供严谨的学术支撑。

顺德祠堂数百间，神采各异，本人虽探赜索隐，实是管窥蠡测，疏漏谬误，在所难免。谨盼各位指出不足，弥补本人知识与眼界不足，更令此书日臻完善。感谢！

李健明

2021年9月1日